Les climatologues ne servent à rien

Essai

SOMMAIRE :

Introduction :

La Terre se réchauffe, d'accord, mais combien de victimes dans telle ou telle hypothèse ? Quelles conséquences sanitaires ? Quelle incidence sur le produit intérieur brut ? Quels bouleversements géopolitiques ? Des guerres ? Des famines ? Quoi ? Mystère ! Une fois qu'il s'agit d'aller un peu plus loin dans les prévisions, on ne trouve plus personne.

Mais l'évolution du climat échappe-t-elle vraiment à notre entendement ?

Peut-on, en faisant fonctionner ses méninges, se faire une idée de la chose ? Peut-on, soi-même, élaborer un scénario et évaluer ses conséquences ?

Et puis d'ailleurs, la Terre est froide. Pendant une grande partie de son histoire, elle a été bien plus chaude. A quoi cela ressemblait-il ? Le passé nous donne-t-il des clés pour l'avenir ?

La Terre se réchauffe, et alors ? Quelles en sont les conséquences ?

Comment et quand va-t-on remplacer les combustibles fossiles ?

Qui veut la peau du nucléaire ?

Y aura-t-il des omelettes norvégiennes pour tous ?

Pourra-t-on épargner l'ours polaire sur son iceberg ou finira-t-il en descente de lit ?

La civilisation du sushi va-t-elle sauver la planète ?

Et finalement, qu'est-ce qui fonctionne en matière climatique,
et combien cela coûte-t-il ?

Les climatologues ne servent à rien, et ce pour trois raisons.

La première raison, c'est qu'ils n'existent pas. La climatologie n'est pas une science en soi. Il y a des météorologues, des glaciologues, des géologues, des volcanologues, des géographes, des mathématiciens,... Ces derniers réalisent nombre de simulations sur l'avenir du climat. Ce sont probablement eux qui se rapprochent le plus de l' « étude du climat global de la terre dans la durée ».

La deuxième raison, c'est que, même si l'on définit le climatologue comme un spécialiste de la modélisation du climat global de la terre, on peut se demander si des modélisations sophistiquées sont bien nécessaires, ou s'il ne s'agit que d'un écran de fumée. Les climatologues du GIEC travaillent bénévolement. On en a pour son argent.

La troisième raison, c'est que les prévisions de ces spécialistes sont très limitées. Quand on sait que la température globale augmente de 2, 3, 4 ou 5 degrés, on n'est guère plus avancé. Bien sûr, les prévisions vont plus loin que cela: elles s'intéressent à la montée du niveau des océans, elles attirent l'attention sur les possibles répercussions sur le vivant, sur l'économie, sur l'agriculture,... Mais tout cela reste très flou. Un flou dans lequel s'engouffrent à la fois les hérauts de l'apocalypse et les climatosceptiques, les uns pour annoncer la fin du monde pour demain, les autres pour nier le réchauffement ou son origine anthropique.

Combien de victimes dans telle ou telle hypothèse ? Quelles conséquences sanitaires ? Quelle incidence sur le produit intérieur brut ? Quels bouleversements géopolitiques ? Des guerres ? Des famines ? Quoi ? Mystère ! Une fois qu'il s'agit d'aller un peu plus loin dans les prévisions, on ne trouve plus personne.

Ce flou ne permet pas aux gouvernants de prendre les décisions en toute connaissance de cause. Cela leur convient peut-être bien, puisqu'ils peuvent, à leur guise, inclure ou exclure le climat de leur politique.

Ce flou permet aux décideurs économiques d'espérer des profits futurs sans redouter de néfastes conséquences de l'évolution du climat. Certes, dans un système capitalistique, les décideurs se focalisent sur le court terme, mais lorsqu'on leur parle, par exemple, d'une fonte de la banquise arctique, ils ont vite calculé la diminution de coûts de transport que cela peut représenter.

Ce flou entretient les mythes du mystère du climat et de son inaccessibilité: la complexité de ses mécanismes rendrait ceux-ci inaccessibles à l'immense majorité de l'humanité, condamnée à rester suspendue aux lèvres des gourous de la spécialité.

Ce flou, enfin, semble autoriser les propos les plus délirants dans tous les sens, parfois au mépris des lois de la physique, le tout amplifié par les réseaux sociaux, où un neurone est plus rare qu'une goutte d'eau dans le désert de Gobi.

Mais l'évolution du climat échappe-t-elle vraiment à l'entendement de l'andouille que je suis ?

Peut-on, en faisant fonctionner ses méninges, se faire une idée de la chose ? Peut-on, soi-même, élaborer un scénario et évaluer ses conséquences ? Peut-on, en particulier, répondre aux questions suivantes:

- Est-il possible de maintenir un niveau de vie élevé ou faudra-t-il se serrer la ceinture ?
- Si nous maintenons un niveau de vie élevé, quelles seront les conséquences ?
- Quelles sont les autres possibilités ?

Le but de ce fascicule est de proposer des réponses à ces questions, réponses basées sur la logique et le raisonnement, avec du texte et sans recours à des graphes compliqués.

Il faut tout de même être de bonne foi et de bonne composition: les modélisateurs du climat ont accompli des prodiges. Pour le passé, notamment, ils ont permis de comprendre l'évolution du climat de façon très convaincante.

Mais de quoi parle-t-on, en fait ? De climat. Mais qu'est-ce que le climat ?

Selon Larousse, il est l'ensemble des phénomènes météorologiques qui caractérisent l'état moyen de l'atmosphère en un lieu donné. Pour Wikipédia, il est la distribution statistique des conditions de l'atmosphère terrestre dans une région donnée pendant une période donnée.

Ces définitions contiennent donc une notion de localité, une notion de moyenne et une notion de durée.

Le temps qu'il fait varie avec le temps qui passe. Nous en faisons l'expérience tous les jours. Il fait, en général, plus chaud le jour que la nuit, et plus chaud en été qu'en hiver. Mais ces variations sont plutôt du ressort de la météo, qui étudie le temps à court terme, que du climat.

Il fait aussi, à la même date et à la même heure, en général plus chaud à Ouagadougou qu'à Helsinki. Cela, en revanche, ressort du climat et non de la météo.

La terre comporte un certain nombre de climats zonaux, de climats régionaux et de microclimats. Ils sont en tout premier lieu déterminés par la quantité d'énergie solaire reçue par chaque mètre carré de surface terrestre. Le soleil fournit plus de 99,9% de l'énergie naturelle reçue à la surface de notre planète. Le reste provient principalement du volcanisme. La quantité d'énergie reçue par chaque mètre carré de surface dépend, à son tour, principalement de la latitude. Nous savons tous que lorsque le soleil est plus bas sur l'horizon, il nous réchauffe moins bien, car une même quantité de lumière solaire éclaire une plus grande surface, et que, donc, chaque mètre carré reçoit moins d'énergie. Cette énergie est toutefois répartie par l'atmosphère et les courants océaniques.

Ce n'est pas vraiment ce qui nous intéresse ici. Ce qui nous intéresse, c'est comment le climat de notre planète évolue (et va évoluer) globalement. Il serait plus juste de parler de système climatique, cette locution désignant une mosaïque de climats locaux et régionaux, mais par simplification, on nommera "climat" le système climatique terrestre.

Par ailleurs, ce qui nous intéresse aussi, c'est comment le climat évolue à long terme (le plus petit intervalle pertinent étant généralement estimé à trente ans).

Peu me chaut, donc, si, aujourd'hui, il fait plus froid qu'hier dans le jardin de ma tante au 26 de la rue du Centre.

Mais qu'est-ce qui détermine le climat ?

Sachant que la terre reçoit à 99,9% son énergie du soleil, la quantité de rayonnement reçue est le premier facteur déterminant. En second vient l'albédo, c'est-à-dire le pouvoir réfléchissant, en l'occurrence de l'atmosphère et de la surface terrestre. En troisième lieu vient la composition chimique de l'atmosphère, que nous évoquerons au chapitre suivant. Tous les autres éléments susceptibles d'influencer le climat global se rattachent à l'un de ces trois facteurs, et parfois à plusieurs d'entre eux. Ainsi, lorsqu'un phénomène volcanique majeur survient, il peut projeter des aérosols qui vont augmenter l'albédo, mais aussi modifier la composition chimique de l'atmosphère.

Tout d'abord, le soleil est un immense réacteur au sein duquel fusionnent chaque seconde plusieurs centaines de milliards de kg d'hydrogène. Cette fusion génère de l'hélium et des particules, dont une majorité de photons. Ces photons, à l'issue d'un parcours long de milliers d'années (au moins 10.000) finissent par arriver à la surface du soleil et sont émis dans l'espace. Ils mettent alors 8'19" pour arriver sur terre. Le photon qui vous parvient par la fenêtre de votre salle à manger a de ce fait au moins 10.000 ans.

Le cœur du soleil se contracte insensiblement et les réactions de fusion s'accélèrent, si bien que le rayonnement solaire augmente d'environ 7% par milliard d'années. Ainsi, dans un milliard d'années, il aura augmenté de 7%, dans 2 milliards d'années, de $1,07^2-1=14,5\%$...etc. Inversement, il y a 1 milliard d'années, le rayonnement solaire ne représentait que $1/1,07=93,5\%$ de ce qu'il est aujourd'hui, il y a 2 milliards d'années 87,3%, il y a 3 milliards d'années 81,6 % et il y a 4 milliards d'années 76,3%. Au-delà (dans le passé) ce type de calcul n'a plus de sens car le soleil n'avait pas encore entamé sa phase dite linéaire.

Il s'agit là d'un phénomène lent, dont les effets ne sont perceptibles qu'à très, très long terme. En revanche, à beaucoup plus court terme, le soleil peut connaître des recrudescences d'activité, se manifestant sous forme de tâches solaires.

Ensuite, des paramètres orbitaux vont influencer la façon dont la lumière arrive sur terre. Certains de ces paramètres ont déjà été calculés par Lagrange à la fin du XVIIIe siècle, puis par d'autres, mais ils ont surtout été compilés, complétés et approfondis au XXe siècle par l'astronome et géophysicien serbe Milutin Milankovic. Il s'agit principalement de l'excentricité de l'orbite terrestre, de l'obliquité de la Terre et de la précession des équinoxes.

Quant à l'excentricité, rappelons que l'orbite terrestre, comme celle des autres planètes, forme une ellipse, dont le soleil occupe un des foyers. Or une ellipse est plus ou moins allongée, c'est ce qu'on appelle son excentricité. Si l'excentricité est de zéro, l'ellipse est, en fait, un cercle, et ses deux foyers se confondent. Si l'excentricité est de 1, l'ellipse forme une ligne droite. L'excentricité de l'orbite terrestre varie entre 0,0034 et 0,058 (source: NASA). Elle était, en 2020, de 0,017. Sa variation suit plusieurs cycles complexes, qui présentent des périodes de 413.000 ans (pour le principal d'entre eux), 95.000 ans et 125.000 ans, voire 9 millions d'années.

L'excentricité de 0,017 en 2020 explique la durée inégale des saisons. Ainsi dans l'hémisphère nord, les étés sont 4,5 jours plus longs que les hivers, et les printemps 3 jours plus longs que les automnes. Dans l'hémisphère sud, c'est, bien sûr, l'inverse, avec des hivers plus longs que les étés et des automnes plus longs que les printemps.

Aux habitants de l'hémisphère sud, il reste la consolation que leurs étés sont plus chauds que ceux de l'hémisphère nord.

En revanche, leurs hivers sont plus froids. En effet, la terre est au plus proche

du soleil (périhélie) au 3 janvier environ et elle en est le plus éloignée (aphélie) le 4 juillet environ. La différence d'ensoleillement entre l'un et l'autre est de 6,8% environ. L'excentricité de l'orbite terrestre est en cours de diminution, ce qui a tendance à très lentement égaliser la durée des saisons. Lorsque l'excentricité de l'ellipse est à son maximum, cette différence est de 23%.

Les variations de l'orbite terrestre sont dues à l'influence des autres planètes, et principalement aux planètes les plus massives du système solaire: Jupiter et Saturne. En fonction de leurs masses, les planètes déforment l'espace-temps, ce qui perturbe ou infléchit les mouvements des autres planètes. Ou si vous préférez la version newtonienne, les corps s'attirent proportionnellement au produit de leur masse et d'une manière inversément proportionnelle au carré de la distance qui les sépare.

Quant à l'obliquité, ou inclinaison de la Terre, il s'agit de l'angle formé par l'axe de rotation de la Terre avec la perpendiculaire au plan de son orbite. Si cet axe de rotation était parfaitement perpendiculaire au plan de l'orbite, il n'y aurait pas de saisons (en fait, quand même un peu puisque la Terre reçoit un peu plus de soleil en janvier qu'en juillet). Plus l'obliquité est importante, plus les saisons sont marquées. Elle varie entre 22,1° et 24,5° selon des cycles de 47.000 ans. Elle est pour le moment de 23,1°, mais en diminution. Elle était à son maximum il y a 10.700 ans et sera à son minimum dans 9.800 ans.

Somme toute, l'obliquité varie assez peu, surtout si on la compare à celle d'autres planètes. Ainsi, l'obliquité martienne va de 14,9° à 35,5°. Certains scientifiques considèrent que l'obliquité limitée de la Terre contribue grandement à son habitabilité, c'est-à-dire à la pérennité de la vie terrestre. Sur mars, par exemple, une obliquité trop importante modifierait par trop le climat martien que pour permettre aux températures d'avoisiner le point triple de l'eau, de permettre ainsi à de l'eau liquide de subsister et, partant de permettre à la vie de subsister. Le point triple de l'eau est un point diagramme température/pression où les trois phases d'une substance (en l'occurrence l'eau) peuvent exister. En clair, si l'on est autour du point triple de l'eau, on a de l'eau liquide et la vie peut exister. Une obliquité trop importante conduit une planète à s'éloigner de ce point.

Les variations de l'obliquité terrestre sont, elles aussi, dues à l'influence gravitationnelle des autres planètes. Celle-ci est, donc, en phase décroissante, ce qui, très lentement, petit à petit, rend nos saisons moins marquées, les hivers plus doux et les étés moins chauds, et ce qui permet, en fin de compte à la neige tombée pendant l'hiver de ne pas fondre pendant l'été, et à des inlandsis, des calottes glaciaires, de se former.

Quant au mouvement de précession, il s'agit tout d'abord d'un mouvement circulaire décrit par l'axe de rotation de la terre autour de la perpendiculaire à son orbite, c'est-à-dire au plan de l'écliptique. Ce phénomène est dû à l'attraction plus forte du Soleil et de la une sur le bourrelet équatorial de la Terre. Cela a plusieurs conséquences. La direction dans laquelle pointe l'un ou l'autre pôle change. Ainsi, actuellement, le pôle nord pointe vers l'étoile polaire Alpha de la Petite Ourse (à peu de chose près). Il y a 8.000 ans il pointait vers Deneb, et il y a 12.000 ans vers Vega. Cette précession, dite axiale, influence également le contraste entre les saisons. De son fait, la Terre présente tantôt l'hémisphère nord et tantôt l'hémisphère sud au Soleil au périhélie. Actuellement, c'est l'hémisphère sud, ce qui explique que l'été est plus chaud dans l'hémisphère sud et l'hiver plus doux dans l'hémisphère nord. Les saisons sont donc plus marquées dans l'hémisphère sud que dans l'hémisphère nord. Ce sera le contraire dans 13.000 ans. La troisième conséquence du mouvement de précession, c'est précisément ce qu'on appelle précession des équinoxes. Cette locution signifie en clair que les saisons en tendance à débuter de plus en plus tôt.

Le mouvement de précession axiale connaît un cycle de 25.771,5 ans. Mais un autre type de précession, orbitale celle-là et dite absidale, suit un cycle de 112.000 ans. La combinaison des deux
donne un cycle de 23.000 ans.

En fait, ces phénomènes sont épouvantablement complexes et leur modélisation s'avère très difficile. Ainsi, il est quasi impossible de calculer avec précision la position passée de la Terre au-delà de 52 millions d'années, principalement à cause des divagations de deux gros astéroïdes, Ceres et Vesta (Ceres est même considérée comme une planète naine).

Les paramètres de Milankovic jouent un rôle moteur dans les glaciations que connaît la terre depuis 2,58 millions d'années. Depuis ce temps, des périodes glaciaires de 50.000, puis de 100.000 ans se succèdent, séparées par des périodes interglaciaires de 10.000 à 20.000 ans. Les paramètres de Milankovic font particulièrement varier l'ensoleillement aux latitudes élevées, particulièrement dans l'hémisphère nord et particulièrement aux alentours de 65°Nord. Lorsque l'inclinaison de la terre est faible et que, par conséquent, les saisons sont peu marquées, il fait suffisamment frais en été aux hautes latitudes pour que la neige tombée en hiver ne fonde pas, et s'accumule d'année en année, finissant par former une calotte de glace. Cette calotte va réfléchir la lumière solaire, donc renvoyer l'énergie solaire incidente et contribuer ainsi au refroidissement. Par ailleurs, lorsque les eaux du globe se refroidissent, la solubilité du dioxyde de carbone (CO_2) dans l'eau augmente. Les eaux absorbent davantage de CO_2. Il y a donc moins de CO_2 dans l'atmosphère, or le CO_2 est un gaz à forçage radiatif (effet de serre), et sa diminution dans l'atmosphère contribue donc à refroidir celle-ci. Deux boucles de rétroaction, celle de l'albédo (réflexion de la lumière solaire) et celle du CO_2, contribuent à refroidir la terre. Bien entendu, elles interagissent puisqu'elles font évoluer les températures dans le même sens.

Inversement, lorsque les paramètres de Milankovic (notamment l'inclinaison de la terre) sont tels que les saisons deviennent plus contrastées et les étés plus chauds, les boucles de rétroaction jouent dans l'autre sens: la glace fond, donc moins d'albédo, donc plus de chaleur ; l'eau se réchauffe, donc la solubilité du CO2 dans l'eau diminue, donc moins de CO2 dans l'eau, donc plus de CO2 dans l'air, donc plus de forçage radiatif, donc la température augmente. Une nuance doit toutefois être apportée quant à la solubilité du CO2 dans l'océan, car elle est partiellement contrebalancée par l'effet de la pression partielle de CO2 dans l'atmosphère.

A beaucoup plus court terme, les taches solaires jouent un rôle dans le climat. Les taches solaires s'accompagnent de points lumineux et elles augmentent légèrement la luminosité du Soleil. Leur raréfaction serait à l'origine du petit âge glaciaire, une période plus froide (plus froide que la référence, qui est souvent la moyenne 1961-1990) allant grossomodo de 1350 à 1850.

L'ensoleillement total reçu par la Terre, qui se situe aux alentours de 1361W/m^2 (en termes de densité énergétique), varie d'année en année, mais sa moyenne mobile sur 11 ans a augmenté de 1900 à la fin des années 1950, pour décroître à partir de 1980 (source: NASA).

La tectonique des plaques joue également un rôle dans les modifications naturelles du climat. Ainsi, la présence de continents ou de grandes îles aux pôles ou aux environs facilite l'apparition de calottes glaciaires. Actuellement, un continent, l'Antarctique, se trouve au pôle sud, et la plus grande île au monde, le Groenland, se trouve dans les hautes latitudes nord. L'un et l'autre sont recouverts des deux calottes glaciaires.

La tectonique des plaques influence aussi un puits de CO_2: l'altération des roches silicatées et carbonatées. Lorsque les terres émergées sont regroupées en un seul continent, le centre de ce continent est souvent aride et ne favorise pas l'altération des roches. Au contraire, lorsque le super-continent éclate en une multitude de petites unités, il favorise les précipitations, l'altération des roches et la diminution de la concentration en CO_2, surtout si cela se produit près de l'équateur, sous des latitudes plus propices à l'évaporation et aux précipitations. Bien entendu, les effets de la tectonique des plaques jouent sur le très long terme.

La tectonique des plaques et les déplacements de celles-ci peuvent également modifier les courants marins. La plus grande partie de l'énergie solaire qui parvient sur terre est captée par les océans. Celle-ci est répartie par les courants marins, notamment la circulation thermohaline, un immense tapis roulant d'eau qui fait le tour des océans du globe.

Les éruptions et crises volcaniques produisent deux effets opposés sur le climat: d'une part l'émission d'aérosols (dioxyde de soufre et poussières) qui vont réfléchir la lumière solaire et donc refroidir la terre, et d'autre part l'émission de "gaz à effet de serre" (en fait gaz à forçage radiatif), principalement du dioxyde de carbone.

Le forçage radiatif est la principale cause des modifications climatiques sur terre. Il mérite dès lors que l'on s'y attarde un peu.

Le terme "effet de serre" est commode, mais guère exact pour définir le forçage radiatif, puisqu'une serre reste plus chaude que l'extérieur principalement grâce au blocage de la convection. Le forçage radiatif fonctionne bien différemment.

Très schématiquement, le rayonnement solaire arrivant sur terre est d'environ 342 Watts par mètre carré (pour une densité énergétique de 1361 W/m²). Sur ces 342 Watts, 107 sont réfléchis à cause de l'albédo, c'est-à-dire, justement, la réflexion de la lumière par des surfaces claires, surtout les nuages, mais aussi la glace. Toujours sur ces 342 W/m², 67 sont absorbés par l'atmosphère. Restent donc 168 W/m² pour la surface terrestre.

Tout corps dont la température est supérieure à zéro degré Kelvin, le zéro absolu, c'est-à-dire -273°C, émet un rayonnement. Ainsi la Terre émet dans le domaine de l'infra-rouge lointain (autour de 10 micromètres de longueur d'onde) , à concurrence de 350 W/m².

Un certain nombre de gaz présents dans l'atmosphère ont des capacités d'absorption dans les longueurs d'onde des infra-rouges ainsi réémis par la Terre. Pour que ce soit le cas, il faut notamment que le gaz considéré soit au moins triatomique (qu'il comprenne au moins trois atomes). Ces gaz vont alors absorber ces infra-rouges et les réémettre vers la surface terrestre. C'est ce que l'on appelle le forçage radiatif, ou encore l'"effet de serre" même si l'expression est impropre. Les gaz concernés sont principalement la vapeur d'eau, le méthane, l'oxyde nitreux, l'ozone et, last but not least, le dioxyde de carbone. Sans forçage radiatif, la température de la Terre serait de -19°C au lieu de +15°C, et la terre serait totalement englacée, comme elle l'a été plusieurs fois au cours de son histoire, lorsque le niveau de CO_2 atmosphérique était très bas.

Pour se convaincre, si besoin en est, de la réalité du forçage radiatif, il suffit de chauffer, à l'aide d'une lampe, deux récipients, l'un contenant de l'air et l'autre de l'air fortement enrichi en CO_2, et de mesurer les températures de ces deux mélanges gazeux. C'est grâce au forçage radiatif que l'atmosphère réémet 324 W/m^2 vers la surface terrestre.

Le CO_2, gaz à forçage radiatif, est l'objet de beaucoup d'attentions. C'est aussi le cas des cycles du carbone, desquels il fait partie.

Il n'y a pas un mais plusieurs cycles du carbone: cycles courts (inférieurs au siècle) et cycles longs, cycles organiques et inorganiques.

Le cycle organique court part du CO_2 atmosphérique. La photosynthèse (végétaux et organismes contenant de la chlorophylle en général) transforme celui-ci en hydrates de carbone et en oxygène. Inversement, la respiration des organismes vivants transforme les hydrates de carbone et l'oxygène en dioxyde de carbone et en eau. Cela signifie aussi que la respiration dégrade des hydrates de carbone précédemment consommés par un organisme vivant.

C'est à peu près tout pour les cycles organiques à court terme. N'est-ce pas merveilleux ?

A long terme, de la matière organique va lentement se transformer en hydrocarbures dans les profondeurs de la Terre, ce qui va prendre environ 200 millions d'années. Nous brûlons aujourd'hui ces substances, sur un temps un million de fois plus court.

Au niveau inorganique, il existe des échanges en cycle court entre le CO_2 atmosphérique et le CO_2 de la surface des océans. Pour l'instant. Ces échanges sont équilibrés. Certes, l'océan se réchauffe et à tendance à relâcher du CO_2 dans l'atmosphère, mais la pression partielle de CO_2 dans l'atmosphère augmentant (pour des raisons anthropiques) la tension de CO_2 dans l'océan augmente également.

Par ailleurs les pluies altèrent les roches continentales, carbonates et silicates, et y piègent en quelque sorte le CO_2. Le CO_2 dissout dans l'eau de pluie est converti notamment en ions HCO_3- qui finissent par se retrouver dans l'océan. Les organismes s'en servent pour secréter par exemple leur coquille de $CaCO_3$ autrement dit de calcaire.

Au cours d'un cycle à long terme, lorsque ces organismes meurent, le $CaCO_3$ s'accumule sur les planchers océaniques pour finalement former des roches sédimentaires carbonatées. Des mouvements tectoniques peuvent les ramener à la surface où elles forment les roches calcaires que nous connaissons. Elles peuvent également être décomposées dans le magma, notamment en CO_2 qui est éjecté dans l'atmosphère lors d'éruptions volcaniques.

Pour toutes les raisons naturelles évoquées au chapitre I, la température de la Terre a considérablement varié au cours des âges.

Les quatre milliards et demi d'années de son histoire climatique ont été marqués par la lutte entre le soleil et le forçage radiatif, principalement celui du dioxyde de carbone. Pendant que le rayonnement solaire s'accroissait de 7% par milliard d'années, la concentration de CO_2 décroissait globalement, et en fin de compte, c'est le forçage radiatif qui a gagné, dans le sens où c'est ce facteur qui a davantage influencé le climat, mais dans le sens d'un refroidissement.

Le pourcentage de CO_2 dans l'atmosphère est incroyablement bas. A la fin de 2018, il était de 409 parts par million, soit 0,04%. Il y a 4,5 milliards d'années, il était de près de 40%, ce qui serait très largement toxique pour la plupart des formes de vie. Il a décliné ensuite de façon assez constante jusqu'à se réduire à 0,2% (tout de même près de 5 fois le niveau actuel) il y a 600 millions d'années, puis il a connu des fluctuations importantes. Lors des 400.000 dernières années, la concentration de CO_2 dans l'atmosphère s'est stabilisée à des niveaux très bas. Elle a varié grosso modo de 180 ppm à 300 ppm (0,018% à 0,03%). Ces dernières décennies, elle a dépassé cette fourchette et même dépassé nettement la barre des 400 ppm.

La température moyenne de la Terre, elle, ne s'est pas éloignée du point triple de l'eau. Heureusement.

Cette température, pendant 75% environ de l'histoire terrestre, a été plus élevée que maintenant.

Il existe une myriade d'informations divergentes sur l'histoire de notre planète. Les dates et les températures correspondent rarement. Néanmoins, les choses semblent s'être déroulées à peu près de la façon suivante.

La Terre est née il y a 4,6 milliards d'années. Pendant près d'un milliard d'années, elle a été soumise à un bombardement météoritique intense.

La vie est apparue dans l'eau il y a 3,5 milliards d'années, et cette vie a, depuis, continuellement et profondément interagi avec le climat.

Lorsque la vie est apparue, la Terre était chaude, beaucoup plus chaude que maintenant. "Maintenant", c'est une référence souvent reprise, c'est à dire la température moyenne du globe entre 1960 et 1990 (une double moyenne, donc). Cette température moyenne est de 15°C.

Il y a 3,5 milliards d'années, les océans étaient chauds, de l'ordre de 75°C, et ils ont pourtant donné naissance à la vie. Cette vie a pu être des archées méthanogènes. Les archées sont des procaryotes, êtres unicellulaires à noyau diffus ou primitif. Ils forment un des trois embranchements de base du vivant, avec les bactéries, autres unicellulaires procaryotes, et les eucaryotes, êtres à noyau distinct entouré d'une membrane, les eucaryotes dont nous faisons partie.

Les archées méthanogènes ont, comme leur nom l'indique généré du méthane, qui a contribué à un effet de serre important (le méthane est un gaz à effet de serre 30 fois plus puissant que le CO_2) et qui a contribué à maintenir une température élevée sur terre. Le taux de CO_2 était, lui aussi,

important, et ce d'autant plus qu'avant -3 milliards d'années, il n'y avait pratiquement pas de terres émergées et donc pratiquement pas d'altération de roches.

Puis sont apparues les cyanobactéries. Celles-ci ont la particularité de contenir de la chlorophylle et de réaliser la photosynthèse chlorophyllienne. A partir de dioxyde de carbone, d'eau et d'énergie lumineuse, elles fabriquent des sucres et de l'oxygène. $6CO_2 + 6H_2O -> C_6H_{12}O_6 + 6O_2$

L'oxygène produit par les cyanobactéries va, d'une part, oxyder tout le fer contenu dans les océans et, d'autre part, se révéler toxique pour les archées méthanogènes (donc: moins de méthane). Simultanément, la photosynthèse réalisée par les cyanobactéries va utiliser le CO_2 et en faire diminuer la concentration. Cette double diminution des gaz à effet de serre va conduire à un premier épisode de "Terre boule de neige" (snowball Earth), qui durera environ de -2,4 à -2,2 milliards d'années. Pendant un épisode de Terre boule de neige, un épisode d'englacement, les continents sont recouverts d'épaisses (jusqu'à quatre kilomètres) calottes glaciaires et les océans sont recouverts de banquises allant jusqu'à un kilomètre d'épaisseur. Ce qui va permettre à la terre de sortir de cet état, c'est le volcanisme. Le CO_2 rejeté par les volcans ne pouvant être consommé par l'altération de roches, il va s'accumuler, augmenter le forçage radiatif, et finalement dégivrer la Terre.

Cette dernière va alors se réchauffer pendant plusieurs centaines de millions d'années, jusqu'au second englacement. Celui-ci se produira vers -720 millions d'années et durera jusqu'à -635 millions d'années, avec deux pics à -720 et -650 millions d'années. Cet épisode a fait suite à une chute importante du CO_2, elle-même consécutive à l'éclatement du continent unique, le super-continent nommé Rodinia. Préalablement à son éclatement, Rodinia avait connu des épisodes magmatiques qui avaient libéré des quantités colossales de basalte en son milieu. Rodinia va éclater en une multitude de petites entités réparties d'ouest en est près de l'équateur, configuration qui va favoriser l'altération de gigantesques quantités de roches, fruits du volcanisme, en particulier les silicates, qui consomme du CO_2 Ce dernier serait passé de 1800 ppm à moins de 200 ppm en quelques millions d'années. Or, avec le CO_2, il semble y avoir un effet de seuil: lorsqu'on descend en-dessous de 150 ou 130 ppm, crac ! la Terre bascule dans l'englacement. Bien sûr, l'albédo, dans toute cette histoire, a joué son rôle amplificateur.

Ici encore, c'est le volcanisme qui va permettre de sortir de l'englacement, en libérant du CO_2, qui va finalement faire fondre les calottes glaciaires et les banquises, et permettre au climat de revenir dans le chaud.

Entre -541 et -530 millions d'années va se produire l'explosion cambrienne, au cours de laquelle toute une série d'espèces vont apparaître, notamment celles qui correspondent à tous les embranchements de métazoaires (animaux pluricellulaires) actuels. Sans doute l'englacement a-t-il provoqué une extinction des unicellulaires et permis aux pluricellulaires de conquérir davantage de niches biologiques.

Après, donc, une nouvelle période chaude, une glaciation va survenir aux alentours de -445 à -420 millions d'années. Il ne s'agissait plus d'une Terre boule de neige mais d'une glaciation comparable à celles du quaternaire avec une température globale de l'ordre de 10°C, soit 5 de moins que maintenant. A cette époque, l'Afrique actuelle était située au pôle sud, ce qui facilitait l'apparition d'une calotte de glace et ce qui facilitait, en outre, l'apparition d'un courant circumpolaire qui refroidit encore davantage ce continent. Même si l'existence d'un continent en position polaire ne favorise pas l'altération des roches et donc la diminution du CO_2, il est possible que le niveau de ce dernier ait quand même baissé suite à des phénomènes volcaniques de grande ampleur, qui ont remplacé du granit par du basalte, beaucoup plus sujet à l'altération et puits de CO_2 efficace. Bien sûr, une suite de fortes éruptions libère a priori du CO_2, ce qui réchauffe la Terre dans un premier

temps. Mais, rapidement (à l'échelle géologique), la consommation de CO_2 par l'altération de roches va prendre le dessus, entraînant une baisse des températures. Une chute de météorites aurait également pu obscurcir l'atmosphère et faire fléchir l'ensoleillement. On trouve en tout cas, en Suède, un cratère de 52 km de diamètre.

Au début de cette période (-445 millions d'années) se produit la grande extinction de masse de l'ordovicien, la première des cinq grandes extinctions de masse répertoriées. 85% des espèces disparaissent, probablement à la suite du refroidissement. Ce dernier a, en outre, entraîné une baisse des niveaux marins, ce qui a restreint les zones de plateaux continentaux accessibles à la faune marine d'alors. À l'ordovicien, en effet, la faune était essentiellement benthique, c'est-à-dire qu'elle vivait sur les fonds marins.

Une extinction est une diminution rapide, importante et générale de la biodiversité. Elle concerne en principe plus de 75% des espèces (en tout cas pour les grandes extinctions) et produit ses effets partout sur la planète. Quant à la rapidité, elle s'entend à l'échelle géologique. Les grandes extinctions ont toujours duré au moins 500.000 ans et se sont parfois étendues sur plusieurs millions d'années. 500.000 ans, c'est 5.000 siècles, c'est 250 fois 2.000 ans. Il y a 500.000 ans, notre espèce, homo sapiens, n'existait pas. Et pour un géologue, c'est une durée extrêmement courte. Nous raisonnons en heures en jours, en années, parfois en siècles. Le million d'années est un ordre de grandeur qui dépasse notre entendement. Alors, que dire de la dizaine ou de la centaine de millions ?

Lors d'une extinction, les êtres vivants ne sont pas instantanément foudroyés par millions. Au contraire, la disparition des espèces prend du temps, et résulte le plus souvent d'un stress qui va affecter le succès reproducteur d'une espèce. En d'autres termes, l'environnement va changer et ce changement va faire que la plante ou l'animal en question va moins se reproduire, et l'espèce va s'éteindre doucement comme cela.

Cette glaciation va se terminer grâce, vraisemblablement, à une remontée du CO_2, les calottes empêchant l'altération des silicates (fermeture de puits à CO_2).

La Terre va donc connaître, à partir de -420 millions d'années, une nouvelle période chaude.

Vers -390 millions d'années, la vie, qui, jusque là, n'avait pas quitté les océans (à l'exception de quelques lichens), va le faire. Les végétaux vont pousser sur les continents. Emerveillons-nous un instant sur cette terre couverte de mousses d'abord, puis de prêles, de fougères, de conifères, tous ces merveilleux végétaux, qui vont couvrir nos continents de superbes forêts...et provoquer une série de catastrophes.

Tout d'abord, ils vont faire disparaître entre 75% et 85% des espèces marines en provoquant une période d'anoxie (chute du niveau d'oxygène dans l'eau). Il s'agit de la seconde grande extinction de masse, l'extinction du dévonien, survenue entre -380 et -360 millions d'années. Comment cela s'est-il passé ? Vu la quasi-absence d'organismes pouvant les décomposer, les végétaux morts et toute une série de minéraux ont été charriés par les pluies et les cours d'eau jusqu'à la mer. Là, les nutriments provoquent des "efflorescences" (blooms) d'algues et de plancton. La décomposition du tout consomme de l'oxygène et en prive le reste du vivant.

Ensuite, ils vont transformer tant de CO_2 en oxygène que la terre va entrer en glaciation. Tout au long de sa vie, un végétal fait de la photosynthèse le jour et respire la nuit. La première activité étant plus intensive que la seconde, il croît, notamment grâce aux molécules carbonées qu'il a synthétisées par photosynthèse, en utilisant du CO_2 et de l'eau. En fin de compte, la digestion des

végétaux par les animaux qui les consomment, ou leur décomposition par des bactéries ou des champignons, restitue en quelque sorte à l'atmosphère leur carbone sous forme de CO_2. Bilan nul, donc, mais pas à cette époque, fort justement appelée carbonifère. En effet, les décomposeurs du bois étaient encore relativement peu présents ou en tout cas relativement peu efficaces. Beaucoup de végétaux vont donc se retrouver enterrés ou engloutis, puis au gré de la tectonique des plaques, compressés et chauffés, pour finalement devenir pétrole, gaz et charbon. En quelque sorte, lorsque nous consommons ces combustibles fossiles, nous restituons à l'atmosphère le CO_2 que des végétaux du carbonifère lui avaient pris. Ainsi, le CO_2 a diminué, donc le forçage radiatif a diminué, donc la température a diminué.

Bien entendu, parallèlement à la diminution du CO_2, l'oxygène a augmenté, jusqu'à atteindre 35% de la composition de l'atmosphère.

Mais le puits biologique à CO_2 n'est pas la seule cause de cette nouvelle glaciation, qui a vu des glaciers s'avancer jusqu'à 30° de latitude. L'apparition d'une gigantesque chaîne de montagne à l'équateur, la chaîne hercynienne, va donner lieu à une altération accélérée de roches et constituer un second puits à CO_2.

Ce fut une longue glaciation, appelée glaciation du Karoo, en hommage à la région d'Afrique du Sud où l'on trouve les plus belles traces sédimentaires du phénomène. Elle s'étendit de -360 à -260 millions d'années. Cette durée s'explique en partie par le positionnement du supercontinent Gondwana autour du pôle sud. Les océans se sont refroidis de 8 à 10°C.

Mais continuons à passer en revue les catastrophes provoquées par les végétaux. D'une part, la baisse de la température va limiter la croissance de ceux-ci et, d'autre part, la teneur élevée de l'air en oxygène va provoquer de gigantesques incendies, qui vont faire remonter le taux de dioxyde de carbone, et enclencher la sortie de glaciation.

Comme dans tout phénomène de glaciation, l'albédo a joué un rôle amplificateur. Lorsque de la glace se forme, elle réfléchit la lumière du soleil et contribue au refroidissement de la planète. Lorsque la glace fond, elle est remplacée par des substrats absorbant davantage la lumière du soleil (ne fût-ce que de l'eau) et cela contribue au réchauffement de la planète.

De -260 à -1,8 millions d'années, pendant plus de 250 millions d'années, la Terre va être chaude: plus chaude que maintenant (en moyenne 3°C de plus, globalement) et sans l'ombre d'une calotte glaciaire (en tout cas pas en été). Les dinosaures avaient beaucoup de chance. Ils ont régné de -240 à -65 millions d'années. Leur domination a duré presque quatre fois plus longtemps que la période qui nous sépare d'eux. Le genre homo, né avec Tumai, a 7 millions d'années. Au moment de leur disparition, les dinosaures fêtaient leur 175 millionième anniversaire, soit 25 fois l'âge du genre humain. C'est une façon de parler, puisque, d'une part, les dinosaures ont mis 500.000 ans au moins à s'éteindre et que, d'autre part, les dinosaures aviaires ont survécu au travers des oiseaux.

Mais avant de connaître le bon temps des dinosaures, le vivant devait accomplir une petite formalité: passer par la plus grande extinction de son histoire. Il s'agit donc de la grande extinction numéro 3, l'extinction Permien/Trias, la plus importante de toutes les extinctions répertoriées, la mère de toutes les extinctions. 95% des espèces marines et 70% des espèces terrestres disparaissent, excusez du peu.

Jusque là, les volcans avaient été plutôt sympas, en permettant la sortie de glaciations,etc., mais il y a 252 millions d'années environ, ils vont se manifester de façon très inopportune, sur une terre qui était déjà chaude. Tout d'abord, c'est en Chine et en Inde que 0,7 millions de km³ de lave vont être

libérés (de quoi recouvrir intégralement l'Allemagne et la Pologne d'un manteau d'1 km d'épaisseur de lave). Peu de temps après, la Sibérie va connaître un épisode volcanique d'une ampleur et d'une intensité inouïes, que l'on a nommé trapps de Sibérie. Les trapps sont de vastes plateaux continentaux formés par des couches de basalte d'origine magmatique. Ces plateaux atteignent une épaisseur de 4km dans la Sibérie actuelle. Cette fois, c'est 8 millions de km³ de lave qui vont être libérés. De tels phénomènes sont éprouvants pour la biodiversité, car ils provoquent un chaud et froid, ou plutôt un froid et chaud: dans un premier temps, poussière et aérosols diminuent la quantité d'énergie solaire reçue, mais dans un deuxième temps, le dioxyde de carbone augmente le forçage radiatif. De plus, en se frayant un chemin à travers les roches existantes, le magma va les chauffer et, ce faisant, provoquer des dégagements de gaz toxiques (c'est notamment le cas lorsque le magma rencontre du gypse, de la pyrite, du sel,...). Ce sont ces émanations toxiques qui expliquent en bonne partie l'extinction, même si une crise est toujours, bien sûr, multifactorielle.

Nous voici enfin arrivés à l'âge d'or des dinosaures, qui va durer de -250 à -65 millions d'années. Le climat y était sensiblement plus chaud qu'aujourd'hui, avec 8 degrés de plus que les valeurs actuelles. Il connaissait des variations au gré des cycles de Milankovic, mentionnés précédemment, mais les refroidissements n'étaient pas suffisants pour enclencher une glaciation. La neige ne subsistait pas en été, même aux hautes latitudes. Le climat devait cette douceur notamment à l'abondance de CO_2 d'origine volcanique, et dont la concentration variait entre 3 et 5 fois le niveau actuel.

Tout allait donc pour le mieux dans le meilleur des mondes de dinosaures, lorsque patacrac ! ces fichus volcans se sont réveillés. Il y a 201 millions d'années, des phénomènes volcaniques de grande ampleur, liés à la province magmatique centre Atlantique, phénomènes eux-mêmes liés à l'ouverture de l'océan Atlantique, ont provoqué un nouveau réchauffement, mais surtout de fortes éjections de mercure, élément particulièrement toxique. Au niveau climatique, c'est un cas assez intéressant, car, avant le réchauffement, les températures étaient plus élevées que maintenant (de 2 à 3 degrés). L'élévation de la température va déstabiliser les clathrates de méthane contenues dans les quelques permafrosts restants, mais surtout dans les planchers continentaux, sous plusieurs centaines de mètres d'eau. Les clathrates de méthane sont des espèces de cages moléculaires contenant du méthane. Lorsque les clathrates sont déstabilisées, le méthane est libéré. 16.000 gigatonnes de méthane ont ainsi été répandues dans l'atmosphère. Bien sûr, le phénomène contient une boucle de rétroaction, puisque plus il fait chaud, plus les clathrates laissent échapper le méthane, et plus il y a de méthane, plus il fait chaud. Le forçage radiatif issu du méthane vaut 30 fois celui du CO_2.

Une crise de la biodiversité, qui marque la limite entre le Trias et le célébrissime Jurassique, constitue la 4e grande extinction.

Les dinosaures ont pu ensuite profiter du climat chaud du Jurassique et de son bon air enrichi (jusqu'à 26% d'oxygène).

Mais il y a moins 66 millions d'années, ils vont être à l'affiche, avec les ammonites, de l'extinction de masse la plus connue, la cinquième et dernière. Celle-ci se situe à la limite du Crétacé et de l'aire tertiaire (extinction Crétacé/Paléogène).

Lorsqu'on évoque la disparition des dinosaures, à peu près tout le monde a la même image à l'esprit : un tyrannosaure fuyant une énorme boule de feu en agitant désespérément ses petits bras et en poussant des cris rauques.

Mais une extinction ne se déroule pas comme cela. Il s'agit d'un phénomène rapide à l'échelle géologique, mais incroyablement long à l'échelle humaine. Cette extinction va durer entre 500.000

et 1.000.000 d'années. Rien que l'entrée en phase d'extinction prend en général plusieurs dizaines de milliers d'années. Elle a probablement été un peu plus rapide ici. Il ne s'agit pas, non plus, d'une destruction d'êtres vivants par des phénomènes naturels subits, mais d'une modification de l'environnement, et notamment du climat, qui va causer un stress sur de nombreuses espèces et faire chuter leur taux de reproduction. Ici, 50% environ des espèces vont disparaître.

Les crises de la biodiversité sont en général multifactorielles. C'est aussi le cas ici, même si un seul événement a peut-être entraîné à peu près tous ceux qui ont conduit à ce désastre. Cet événement majeur, c'est la chute d'une météorite d'une douzaine de kilomètres de diamètre à Chicxulub, au Mexique. Elle laissa un cratère de 180 km. Il libéra une énergie correspondant à au moins 21.000.000.000 de fois la bombe d'Hiroshima. Cet impact va obscurcir l'atmosphère, réduire la photosynthèse et refroidir la terre, mais pour peu de temps, car il va aussi vraisemblablement fragiliser la croûte terrestre en plusieurs endroits et favoriser un nouvel épisode de trapps gigantesques, cette fois au Deccan, en Inde. S'ensuit une libération de CO_2, un réchauffement climatique, mais aussi une libération de substances toxiques, principalement du H_2S, sulfure d'hydrogène, et une acidification des océans.

Après que les dinosaures ont quitté la scène, les mammifères conquièrent les niches écologiques laissées vacantes et dominent toute l'ère tertiaire, de -66 millions d'années à -2,58 millions d'années. Ils peuvent profiter de températures plus élevées qu'actuellement (de 4°environ). Le taux de CO_2 est environ 4 fois plus élevé qu'actuellement au début du tertiaire, mais il va descendre graduellement, en raison de puits à CO_2 actifs: altération de roches, transformation de végétaux en hydrocarbures. Le climat se refroidit doucement, donc. Une ère sans histoire... Lorsque soudain...

Il y a 56 millions d'années survient le maximum thermique Paléocène-Éocène (paleocene-eocene thermal maximum ou PETM): une brusque augmentation de la température de 5 à 8°C va à nouveau provoquer certaines extinctions et renouvellements de la faune, notamment chez les mammifères. Le terme "brusque" doit s'entendre dans une perspective géologique. La chose a quand même pris 10.000 à 20.000 ans. Pour une raison inconnue, probablement un épisode volcanique, une météorite, des incendies ou la combustion naturelle de charbon (il semblerait que du carbone organique soit en cause) le taux de CO_2 dans l'atmosphère s'élève considérablement, et ce sur une Terre déjà chaude, notamment pour des raisons paléogéographiques. Ainsi, l'Antarctique est, à cette époque, relié à l'Amérique du Sud et à l'Australie, ce qui empêche qu'il soit entouré d'un courant froid. Pas de calotte polaire, donc, et encore moins dans l'hémisphère nord. Comme le climat est déjà chaud, l'augmentation du taux de CO_2 suffit à libérer le méthane contenu dans les clathrates. L'augmentation du forçage radiatif dû au méthane pourrait expliquer près de 5°C du réchauffement. Et la terre va devenir chaude. Des palmiers vont pousser en Antarctique, où la température va osciller entre 10 et 25°C. En Afrique et en Amérique du Sud, les températures vont atteindre 50°C en termes de moyennes annuelles et 37°C en moyenne sur 50 ans. Les choses vont rentrer dans l'ordre grâce à une activité accrue de photosynthèse et de sédimentation ainsi qu'à une altération plus importante des silicates. Il faudra tout de même entre 100.000 et 150.000 ans pour revenir aux températures d'avant PETM... pour repartir ensuite vers un épisode aussi chaud mais plus long et moins brutal (les températures élevées vont se maintenir 5 millions d'années) appelé optimum thermal de l'Éocène. Cet optimum semble trouver son origine dans des phénomènes volcaniques accompagnant la séparation du Groenland et de l'Europe, ce qui aurait libéré de grandes quantités de méthane.

Puis la diminution des gaz à forçage radiatif va entraîner celle des températures. Par ailleurs, l'Antarctique va s'isoler de l'Australie et de l'Amérique du Sud et s'entourer d'un courant froid. Ces deux éléments vont permettre l'apparition d'une calotte de glace sur l'Antarctique, et ce vers -34 millions d'années. L'apparition d'une calotte va, bien sûr, favoriser l'albédo et, partant, le

refroidissement. Toutefois, jusqu'à -14,5 millions d'années, les températures restent élevées, puis refroidissent graduellement, notamment à cause de l'orogenèse himalayenne (cette immense chaîne de montagnes est un puits à CO_2). A cette époque, pas encore de calotte sur le Groenland, situé à de moins hautes latitudes que l'Antarctique et bordé par l'Amérique du Nord. Il faudra attendre -2,7 millions d'années pour que la calotte de la plus grande île du monde prenne naissance. Entretemps, vers -7 millions d'années, c'est la lignée humaine qui commence avec Tumai, le premier homininé. L'humain moderne apparaîtra vers -350.000 ans.

Au cours du quaternaire, qui commence il y a 2,58 millions d'années, le climat connaît une série de glaciations. 17 glaciations se succèdent. Ces phénomènes, d'une durée initiale de 40.000 à 50.000 ans, durent 100.000 ans à partir de -1,2 millions d'années. Ils sont entrecoupés de périodes interglaciaires, d'une durée de 10.000 à 20.000 ans.

Un climat relativement instable, donc, lors du Pléistocène, première partie du quaternaire, car le niveau de CO_2 y est relativement bas historiquement, ce qui permet aux cycles de Milankovic d'enclencher une glaciation. Depuis la fin de la dernière glaciation (donc pendant l'Holocène), le climat a été beaucoup plus stable. Tout au long du quaternaire, le CO_2 a eu tendance à poursuivre sa lente décroissance, influence humaine mise à part. Ainsi, l'Himalaya est un puits à CO_2 assez efficace. En termes uniquement naturels, la Terre a donc globalement tendance à se refroidir.

Lors des glaciations, il peut faire globalement jusqu'à 7°C de moins que la référence 1961-1990, alors que, lors des périodes interglaciaires, la température peut excéder de 2,5°C cette référence. Parallèlement, le niveau de CO_2 oscille entre 180 ppm (0,018%) lors des glaciations, à 300 ppm en période interglaciaire.

La dernière glaciation commence il y a 110.000 ans pour se

terminer il y a 10.000 ans. Elle voit à certains moments le niveau des mers à 120m plus bas (régression marine) que le niveau actuel. Les calottes glaciaires de l'hémisphère nord descendent jusqu'à New York et presque jusqu'à Londres.

Les glaciations sont déclenchées par les paramètres de Milankovic. Lorsque la conjonction de ceux-ci est favorable, l'ensoleillement et le contraste des saisons diminuent suffisamment aux hautes latitudes, en particulier aux alentours de 65° de latitude, que pour permettre à la neige tombée en hiver de ne pas fondre en été. Ceci arrive en particulier lorsque l'inclinaison terrestre, et donc les saisons, sont peu marqués, et ceci est surtout vrai dans l'hémisphère nord, qui compte davantage de terres émergées aux hautes latitudes. L'amorçage de la calotte augmente l'albédo, ce qui diminue la quantité d'énergie solaire reçue. Par ailleurs, le refroidissement des océans fait augmenter la solubilité du CO_2. Donc plus de CO_2 se dissout dans les océans, donc le niveau de CO_2 diminue dans l'atmosphère, donc le forçage radiatif diminue. Il y a donc là deux boucles de rétroaction qui contribuent à diminuer le climat. L'albédo et le CO_2 jouent ici le rôle d'amplificateur du signal astronomique, et ce même si la plus grande dissolution du CO_2 dans les océans est partiellement compensée par la baisse de tension partielle de ce gaz.

Ces deux boucles de rétroaction amplifient également la sortie de glaciation. Lorsque les paramètres de Milankovic sont tels que l'énergie solaire aux hautes latitudes est suffisamment importante et que les saisons sont très marquées (inclinaison de la terre plus importante), les calottes fondent, l'albédo diminue, les océans se réchauffent et libèrent du CO_2. La fonte des calottes se voit favorisée par la diminution de l'altitude de celles-ci (lorsque les calottes fondent, leur épaisseur diminue, donc leur surface se trouve à une altitude moindre, où il fait moins froid) et par la libération des poussières emprisonnées lors de la glaciation, poussières qui s'accumulent en surface et diminuent l'albédo.

Ces phénomènes ainsi que la libération assez rapide de CO_2 par les océans permettent aux déglaciations de se produire assez rapidement, en environ 10.000 ans. Le terme "déglaciation" est

d'ailleurs impropre, puisqu'il reste de toute façon des calottes glaciaires en Antarctique et au Groenland.

La sortie de la dernière glaciation n'a pas été un processus linéaire. La fonte de grandes quantités de glace dans l'hémisphère nord a parfois perturbé la circulation thermohaline et mis un coup d'arrêt à la déglaciation dans l'hémisphère nord. Des montées rapides du niveau des océans ont été constatées. Ainsi, l'événement nommé "impulsion de fonte 1A" correspond à une montée de 20 cm du niveau des océans, survenue il y a 14.600 ans, sur une période de 200 à 500 ans.

A l'intérieur de la dernière période glaciaire se sont produites plusieurs fluctuations rapides du climat, espacées de 1.470 ans, et qui semblent limitées à l'hémisphère nord. Il s'agit, d'une part, des événement de Heinrich, qui correspondent à de gigantesques débâcles d'icebergs et déversements d'eau douce dans l'Atlantique Nord, entraînant une modification des courants marins et un refroidissement rapide. D'autre part, les événements de Dansgaard-Oeschger réchauffent l'hémisphère nord dans des proportions pouvant aller jusqu'à 8°C en 40 ans. Leur survenance est probablement liée, elle aussi, à la survenance de changements dans les courants océaniques.

L'impact de ces événements de Dansgaard-Oeschger sur la faune a été très varié: sensible sur la vie marine mais limité sur la vie terrestre et notamment les rongeurs.

Depuis 11.700 ans environ (c'est-à-dire depuis 11.700 ans avant "le présent" qui est considéré être le 1er janvier 1950), nous traversons une période interglaciaire. On pourrait croire que la Terre s'est réchauffée doucement et calmement, eh bien pas du tout !

Il y a entre 9.000 et 5.000 ans environ s'est déroulé l'optimum climatique de l'Holocène. Selon les endroits du globe, il a pu commencer plus tôt et se terminer plus tard. Comme son nom l'indique, il s'agit d'une période chaude, plus chaude qu'actuellement, plus chaude aux hautes latitudes et plus marquée dans l'hémisphère Nord. Les températures ont progressé, en moyenne, de 4 à 5°C. Elles étaient même plus élevées (de 1°C environ) que la moyenne 1961-1990, le tout grâce aux paramètres astronomiques de Milankovic. Ces derniers ont également une influence sur les moussons, et c'est ce qui a permis au Sahara d'être, depuis il y a 8.000 ans jusqu'il y a 5.000 ans et même au-delà, une région verdoyante.

Il y a 8.200 ans environ, l'optimum climatique a été brusquement et brièvement (pendant deux à quatre siècles tout de même) interrompu par un refroidissement. Il semblerait que la fonte de la calotte des Laurentides (située alors sur l'actuel Canada) ait abouti à un soudain déversement d'eau douce dans l'océan, ce qui a perturbé la circulation thermohaline, le fameux "tapis roulant" d'eau salée qui répartit la chaleur dans les océans. L'eau douce, plus légère que l'eau salée, reste en effet en surface et constitue un obstacle pour le courant, forçant ses eaux à plonger et raccourcissant sa course.

Les températures ont ainsi globalement baissé de 2°C environ, pendant une hausse du niveau des mers comprise entre 0,5m et 4m. Le tout a provoqué des inondations. Au niveau humain, cette période a provoqué un déclin démographique et un abandon de toute une série d'implantations du pourtour méditerranéen, qui s'est considérablement refroidi.

L'optimum climatique a ensuite repris jusqu'il y a 3.400 ans. Il a vu l'extinction d'un nombre considérable d'espèces de grands animaux: mammouths, grands paresseux, tigre à dents de sabre, castor géant,... La température globale y était d'environ un degré plus élevée que la référence 1961-1990.

Au niveau humain, la fin de la dernière glaciation a vu le passage du Paléolithique au Mésolithique, à tout le moins au Moyen-Orient, où la transition a eu lieu il y a 14.000 ans environ. L'humain du Mésolithique est toujours un chasseur-cueilleur, mais commence à adopter des comportements plus sédentaires ou à tout le moins saisonniers. Il y a 10.000 ans, dans le croissant fertile, l'homme va maîtriser l'agriculture et l'élevage. On passe au Néolithique et à la sédentarisation. Cette dernière a probablement été favorisée par la relative stabilité des niveaux marins depuis une période remontant à presque 8.000 ans. Lorsque les changements de niveau marin sont importants, il est difficile de s'établir en bord de mer.

Il y a 3400 ans a débuté un nouvel épisode de refroidissement appelé néo glaciation. Il fut déclenché une fois de plus par des paramètres de Milankovic, ainsi que par une diminution de l'activité solaire. La température globale baissa de 2°C à nouveau, pour s'établir à environ un degré de moins que la référence 1961-1990.

A cette période froide succéda, toujours grâce aux paramètres de Milankovic, un nouvel optimum, romain celui-là, qui commença en 250 avant notre ère pour finir en

400 de notre ère, donc il y a 2200 ans jusqu'à il y a 1550 ans. Il y faisait globalement plus chaud d'un demi degré environ que la référence 1961-1990, mais le réchauffement était bien plus marqué en Méditerranée et dans l'Atlantique nord.

Cette période prit donc fin vers l'an 400, probablement en raison d'une réduction de l'activité solaire. Commença alors une nouvelle période froide, parfois appelée "petit âge glaciaire de l'antiquité tardive" mais qui se situe principalement dans le moyen-âge et qui n'est guère glaciaire. Au plus fort de celui-ci, les températures globales se situaient 1°C environ sous la référence, avec, il est vrai, une incidence plus marquée dans l'hémisphère nord. L'histoire a retenu de cette période plusieurs refroidissements brutaux: en 535-536, 540, 547 et au-delà. Plusieurs éruptions volcaniques auraient libéré des quantités colossales de poussière et dans l'atmosphère, obscurcissant partiellement le soleil et augmentant l'albédo. Ceci a provoqué des famines partout dans le monde, suite à des récoltes désastreuses.

De 950 à 1350 se situe l'optimum climatique médiéval, une période, certes, plus chaude que la précédente, mais dont les températures globales restent très légèrement (de l'ordre de 0,2°C) inférieures à la référence 1961-1990. Toutefois l'optimum climatique médiéval a été très marqué dans l'hémisphère nord.

A l'optimum climatique médiéval a succédé le petit âge glaciaire, de 1350 à 1850 environ. Au cours de celui-ci, la température globale baissa de 0,3°C environ, mais de manière bien plus sensible dans l'hémisphère nord, entraînant des hivers très rigoureux, une baisse importante de la production agricole et des famines. Comme l'épisode précédent, il trouverait son origine dans des variations de l'activité solaire (durant le petit âge glaciaire, les tâches solaires ont connu trois minima). Il est probable que des événements volcaniques aient également joué un rôle.

Ensuite, la température a augmenté d'1,1°C (jusqu'à fin 2019) pour atteindre son niveau actuel, se situant 0,6°C au-dessus de la référence 1961-1990. Cette augmentation a eu lieu en deux phases principales: de 1900 à 1940, puis de 1980 à nos jours. Elle est presque exclusivement due au forçage radiatif dû aux gaz issus de l'activité humaine. Elle a été freinée entre 1940 et 1980 par d'importantes émissions d'aérosols, dues à la pollution d'origine humaine.

Mais quelles sont les tendances naturelles actuelles du climat ? Où en sont les paramètres astronomiques, volcaniques,... Et en parlant de nature, comment se porte le vivant ?

Tout d'abord l'état des lieux des facteurs naturels.

Le cycle des tâches solaires est d'environ 11 ans. Il peut influencer le climat terrestre à concurrence de 0,1°C, suite à des variations de l'irradiance solaire d'1W/m², qui modifie le flux absorbé par la surface de 0,14 W/m². Ces cycles sont pour le moment de faible intensité. Un nouveau cycle a commencé en 2020. Par ailleurs, des variations séculaires de l'activité solaire sont susceptibles d'affecter la températures terrestre de 0,2°C. Ainsi, après un déclin pendant le petit âge glaciaire, l'activité solaire a sommairement retrouvé son niveau de l'optimum médiéval, à tout le moins jusqu'en 2008. Elle semble, depuis, en léger déclin.

Pendant ce temps, les cycles de Milankovic poussent globalement la Terre vers une nouvelle glaciation (même s'il faudra attendre 50.000 ans pour voir l'ensoleillement à 65°N tomber à moins de 480W/m²). En effet, l'excentricité de l'orbite terrestre décroît, ce qui aplanit le contraste entre les saisons et ce qui est de nature, à terme, à permettre une nouvelle glaciation. Quant à l'inclinaison de l'axe de rotation de la Terre, elle diminue également et devrait atteindre son minimum dans 9.800 ans. Ceci contribue aussi à amoindrir le contraste entre les saisons.

Par ailleurs, depuis le début des années 2000, le volcanisme est réduit. Il aurait actuellement une incidence légèrement négative sur la température globale, entre -0,05°C et - 0,12°C d'après un article paru en 2014(Ridley et al. 2014 ; Total volcanic stratospheric aerosol optical depths and implications for global climate change. Geophys. Res. Lett., early on-line, doi:10.1002/2014GL061541).

Globalement donc, les paramètres naturels ne tendent pas à réchauffer la Terre. Ils en affectent peu la température.

La Terre, à l'échelle de son histoire a connu toute une série d'événements et de situations climatiques extrêmes, fondamentalement différentes du climat actuel. La Terre la plupart du temps, a été plus chaude qu'actuellement. La Terre, depuis 10.000 ans, connaît une température globale stable à 15°C +/- 1°C. Ce que nous interprétons comme des périodes exceptionnelles comme le petit âge glaciaire,etc. constituent des variations insignifiantes du climat global, même si, localement, certains phénomènes ont pu avoir une ampleur plus importante.

A fin 2019, nous étions toujours dans la même fourchette, avec +0,6°C.

Cette stabilité du climat a aussi permis le développement de l'espèce humaine, à tout le moins quantitativement, puisque nous sommes passés d'un million d'individus (il y a 10.000 ans) à 7,55 milliards en 2017. Auparavant, au cours du Pléistocène, notre espèce a lutté pour survivre, et son effectif a oscillé entre 500.000 et 1.000.000 individus.

Quant aux extinctions de masse, il semblerait que, depuis 1900, nous soyons entrés dans la sixième (Accelerated modern human-induced species losses: Entering the sixth mass extinction, Gerardo Ceballos, Paul R. Ehrlich, Anthony D. Barnosky, Andrés García, Robert M. Pringle, Todd M. Palmer Science Advances19 Jun 2015 : e1400253).

Les extinctions d'espèces sont habituelles et naturelles. En moyenne chaque million d'années, 20% des espèces disparaissent et sont remplacées par d'autres. Depuis 1900, le taux de disparition des vertébrés est entre 8 et 100 fois supérieur. On a affaire à une crise de la biodiversité si au moins 75% des espèces disparaissent en un million d'années.

Pour les vertébrés, nous sommes partis sur une base variant entre 160% et 2.000%. Bien sûr, une extinction ne peut pas concerner plus de 100% des espèces, mais ces chiffres signifient que, sur les bases actuelles, l'extinction aura lieu à une vitesse inédite dans l'histoire de la Terre.

L'indice de développement humain (IDH) combine PIB (produit intérieur brut), espérance de vie et niveau d'éducation. L'IDH, ce n'est pas la qualité de vie, car cette dernière inclut également la jouissance d'un certain nombre de droits fondamentaux, les interactions sociales, ...

L'indice de développement humain présente toutefois le double avantage d'aller au-delà de la notion de produit intérieur brut et d'être régulièrement disponible. Un indice de développement humain de 0,8 au moins est considéré comme très élevé.

En 2018, la Norvège, première au classement, présentait un IDH de 0,954, les Etats-Unis de 0,920 , la Belgique de 0,919 , la France de 0,891...etc. Un IDH supérieur à 0,8 est considéré comme très élevé. C'est, par exemple à peu près l'indice qu'affichent les Seychelles (0,801) ou la Serbie (0,799).

Or l'Indice de Développement Humain est fortement corrélé à l'utilisation d'énergie ("Energising Human Development" Dr Julia K Steinberger, UNDP, Development Reports 14/4/2016) (Martinez, D. M. and B. W. Ebenhack (2008). "Understanding the role of energy consumption in human development through the use of saturation phenomena." Energy Policy 36(4): 1430-1435). Selon la régression opérée par ces auteurs, l'utilisation d'énergie primaire nécessaire à un IDH de 0,8 serait de 99,87 gigajoules par personne et par an. L'énergie primaire est l'énergie telle qu'on la trouve dans la nature, avant toute transformation.

Par ailleurs, la population mondiale croît. Elle était de 2,5 milliards d'individus en 1950 et de 7,75 milliards le 22/12/2019 (sources: Banque Mondiale et Worldometer). Elle

devrait atteindre 9,7 milliards en 2050 (source: Max Roser
"World Population Growth" Our World in Data, 2014-2019),
et se stabiliser autour de 10,9 milliards en 2100.

Comment tenir compte de ces éléments dans l'élaboration
d'un scénario de référence quant à l'utilisation de l'énergie et
à l'incidence de celle-ci sur le climat ?

Un scénario de référence n'a pas pour but de modéliser un
ensemble de phénomènes, par exemple le climat de la
planète, mais de combiner une série d'hypothèses afin de se
rendre compte de ce qu'elles signifieraient en termes de
fonctionnement. Un scénario de référence n'est donc pas une
prévision, mais une indication de la direction prise par un
système, et un outil permettant d'en analyser la sensibilité à
différentes variables.

Un scénario de référence pourrait, par exemple, viser à se
projeter en 2050.

En 2050, selon les prévisions actuelles, la population
mondiale sera de 9,7 milliards.

Quel sera l'indice de développement humain de cette
population ? C'est très difficile à dire. Au cours des dernières
décennies, au niveau mondial, l'IDH a considérablement
progressé, et les inégalités entre pays se sont réduites,
principalement sous l'effet de la mondialisation. Prenons
comme hypothèse que l'ensemble de la population mondiale
atteigne un IDH de 0,8 considéré comme très élevé. Cette
vision très égalitaire sera de nature à ceux qui souhaitent la
fin des inégalités et de la pauvreté. Tout le monde serait au
niveau de la Serbie ou des Seychelles, ce qui signifierait un
progrès pour la plupart des états, mais aussi une régression
pour ceux qui connaissent l'IDH le plus élevé.

Combien d'énergie une population de 9,7 milliards devrait-elle utiliser pour se garantir un IDH de 0,8 en 2050 ? Tout dépendra du taux d'efficacité énergétique en 2050. Il est en effet peu probable qu'il faille autant d'énergie pour générer un IDH de 0,8 en 2050 qu'en 2020. (Steinberger, J. K. and J. T. Roberts (2010). "From constraint to sufficiency: the decoupling of energy and carbon from human needs, 1975-2005." Ecological Economics 70(2): 425-433). Pour être exact, l'article cité vise plutôt à découpler l'IDH de l'utilisation d'énergie, mais il démontre que l'énergie nécessaire à générer un haut développement humain (0,7) a chu de 40% en 30 ans, de 1975 à 2005. De façon comparable, supposons que l'énergie nécessaire à un IDH de 0,8 décroîtra de 40% d'ici à 2050.

Afin de connaître la quantité d'énergie qu'utiliserait, en 2050, une population de 9,7 milliards ayant un indice développement humain de 0,8, il ne reste donc plus qu'à effectuer une simple multiplication:

9.700.000.000 x 99,87 x 60% = 581.243.400.000 gigajoules

En tonnes équivalent pétrole, cela donne 13,89 gigatep d'énergie primaire.

En 2018, le monde a consommé 13,86 gigatep d'énergie primaire, soit à peu près la même chose (Source: BP Statistical Review of World Energy, 2019).

Au fond, la vision que propose le scénario de référence est que l'amélioration de l'efficacité énergétique (40%) et la diminution d'utilisation d'énergie, principalement par les pays de l'OCDE, rendront de l'énergie disponible pour le reste du monde, lui permettant ainsi d'atteindre un IDH de 0,8. Encore faudra-t-il, bien sûr, que les innovations technologiques le permettent et encore faudra-t-il, d'autre part, que les pays affichant un IDH supérieur à 0,8 acceptent de ramener celui-ci à 0,8 , ce qui se traduira probablement par une décroissance.

A ces conditions, une humanité de 9,7 milliards d'individus pourrait donc atteindre un indice de développement humain de 0,8 avec 13,89 gigatep d'énergie.

Quelles seront les sources de cette énergie ?

En 2018, elles se ventilaient comme suit :

- pétrole: 33,6%
- gaz: 23,9%
- charbon : 27,2%
Soit un total de 84,7% pour les énergies fossiles.

- nucléaire : 4,4%
- hydro-électricité: 6,9%
- renouvelables : 4,0%

Comment cette répartition va-t-elle évoluer ? Il est peu vraisemblable que les parts d'hydro-électricité et de nucléaire augmentent. L'hydro-électricité est très liée au relief et à la pluviométrie, et beaucoup des sites possibles ont été utilisés, sauf peut-être en Asie, où il reste quelques possibilités. Quant au nucléaire, il se heurte à de nombreuses résistances dans les démocraties, où il connaît un déclin global, compensé il est vrai par de nouveaux projets en Chine, voire en Russie.

En revanche, la part du renouvelable croît rapidement, d'approximativement 0,4% par an. On pourrait, sur cette base, estimer qu'elle sera de 16,8% en 2050.

Un des gros inconvénients des énergies renouvelables (hors hydro) est leur absence de modulabilité. Le photovoltaïque produit de l'électricité quand il y a du soleil et l'éolien quand il y a du vent, pas quand nous le voulons. Ceci conduit les électriciens à laisser subsister des centrales à combustibles fossiles (principalement au gaz) pour pouvoir faire correspondre l'offre et la demande en électricité, sauf dans le cas où la production en renouvelable peut être stockée via des barrages à turbine réversible. D'autres solutions de stockage existent, mais elles sont jusqu'à présent plus chères que le recours à une centrale utilisant du combustible fossile.

Toutefois, il s'agit d'un domaine de recherche très actif et le scénario de référence tablera sur la découverte d'une technique de stockage abordable. Il sera donc supposé que le renouvelable viendra remplacer du fossile, et non pas s'y superposer. En 2050, nous aurions donc un mix énergétique composé de 72,1% d'énergies fossiles, de 16,8% de renouvelables, de 4,4% de nucléaire et de 6,9% d'hydro-électricité. Comment se répartirait l'utilisation des différentes énergies fossiles ? Il est vraisemblable que la part du gaz resterait à tout le moins stable, en raison de ses plus faibles émissions en CO_2 mais cela dépendra également des coûts des différentes matières premières. C'est en tout cas l'hypothèse qui sera retenue ici. Ce sont donc les utilisations du pétrole et du charbon qui diminueraient, disons à concurrence de 0,2% par an chacune.

En synthèse, les hypothèses formulées aboutissent à un modèle dans lequel l'utilisation d'énergie reste à peu près constante, mais dans lequel la part du renouvelable augmente de 0,4% par an au détriment du pétrole (-0,2%) et du charbon (-0,2%).

On peut se demander si cette tendance pourrait se poursuivre au-delà de 2050. Cela dépendra de nombreux facteurs comme la croissance de la population mondiale (croissance dont le rythme devrait fortement diminuer) et le prix des différentes sources d'énergie. Pour les besoins du présent scénario, on considérera, lorsque l'on se projette au-delà de 2050, que cette tendance se poursuit.

A ce stade, on peut se poser deux questions: combien de temps les réserves d'énergie fossile permettront-elles de soutenir le scénario de référence et quelle sera l'incidence du scénario de référence sur le climat ?

Il est toujours délicat, voire trompeur, de parler de stock d'énergie fossile disponible en termes d'année, car l'exploitation des ressources ne se poursuivra pas sans heurts, sans variation de prix, ni de façon linéaire. De même, tous les types de stocks d'énergie fossile ne sont pas égaux. Ainsi, l'exploitation de sables bitumineux est bien moins rentable, en termes financiers et énergétiques, que celle d'un puits de pétrole texan. De même, les grandes réserves du Venezuela, constituées principalement d'huile extra-lourde, soulèvent d'énormes difficultés d'extraction et de traitement. Toutefois, les techniques d'extraction ont considérablement progressé ces 30 dernières années. C'est pourquoi le scénario de référence se basera sur l'hypothèse d'une extractibilité des combustibles fossiles dans des conditions de rendement énergétique suffisantes. Il est cependant à prévoir que les coûts d'exploitation vont augmenter.

Quelles sont les réserves d'énergie fossile ?

Commençons par le pétrole. Ses réserves se chiffrent en milliards de barils. Il y en a 1.780 selon l'Agence Internationale de l'Energie (2017), 1.536 pour l'OPEP (2017) et 1.751 pour BP (2015), soit une moyenne de 1.689. Une rapide conversion de tout cela en gigatep (milliards de tonne équivalent pétrole), donne 236,46 GTEP. Il s'agit là des réserves prouvées. Or les réserves prouvées portent assez mal leur nom puisqu'il s'agit d'une estimation d'experts. Les réserves prouvées servent en outre de clé de répartition des quotas de production au sein de l'OPEP. Il est donc vraisemblable que certains pays producteurs, en manque de devises, fassent preuve d'optimisme quant à leurs réserves.

Néanmoins, les réserves prouvées restent la grandeur la plus communément admise, et les surestimations possibles pourront être partiellement compensées par de nouvelles découvertes.

Il faut aussi rappeler que tout le pétrole n'est pas utilisé dans un but énergétique. La pétrochimie en utilise une partie pour fabriquer plastiques, engrais,... Pour les besoins du modèle, cette part sera estimée à 7%. Ce seront donc 93% des réserves qui seront pris en considération, à savoir 219,91 GTEP.

Si l'on part d'une consommation globale de 13,89 GTEP par an, d'une proportion de 33,6% de pétrole à partir de 2018 et d'une décroissance de cette proportion de 0,2% par an, l'équation déterminant le nombre d'années de consommation auquel correspondent les réserves prouvées est la suivante:

$$x = (219{,}91)/(13{,}89*(((0{,}336*2)-(0{,}002*x))/2)). \quad x=56,$$

ce qui signifie que si les énergies renouvelables remplacent bien le pétrole à raison de 0,2% par an(0,2% de l'utilisation énergétique globale), les réserves de pétrole seront épuisées en 2074. Bien sûr, ce processus ne sera pas linéaire et il y aura des tensions, voire des ruptures d'approvisionnement, avant.

Quant au charbon, les réserves prouvées atteignent 1.055 milliards de tonnes (source: BP statistical review of world energy, 2019). Elles comprennent des mines qui pourraient être mises en exploitation de façon rentable aux conditions actuelles. La conversion de ces tonnes en GTEP donne 1.055 x 0,7 = 738,5 GTEP

Si l'on part d'une consommation globale de 13,89 GTEP par an, d'une proportion de 27,2% de charbon à partir de 2018 et d'une décroissance de cette proportion de 0,2% par an, l'équation déterminant le nombre d'années de consommation auquel correspondent les réserves prouvées est la suivante:

$$x= (738,5)/(13,89*(((0,272*2)-(0,002*x))/2)).$$

Cette équation n'a pas de solution, ce qui signifie que si les énergies renouvelables remplacent bien le charbon à raison de 0,2% par an (0,2% de l'utilisation énergétique globale), elles auront intégralement remplacé celui-ci avant qu'il soit ne tari.

Certes, le coefficient de conversion de 0,7 peut paraître optimiste au vu des différentes qualités de charbon, mais les réserves de charbon sont immenses par rapport à la consommation qui en est faite. D'autre part, l'anthracite et le bitumineux représentent 69,7% des réserves. Certes, une partie du charbon (le coke) sert à la fabrication de l'acier, mais il ne s'agit pas d'un pourcentage significatif (environ 1 milliard de tonnes).

Fin 2019, les réserves prouvées en gaz naturel atteignaient 196,9 trillions de mètres cubes, soit $196,9 \times 10^{12}$ m^3. Or un milliard de m^3 de gaz naturel équivaut à 900.000 TEP. A fin 2018, les réserves mondiales en gaz naturel se montaient donc à 177,2 GTEP.

Les calculs seront simples pour le gaz, puisque le modèle suppose sa consommation invariable à 13,89x0,239= 3,32 GTEP par an. Sur base de ces hypothèses, les réserves mondiales prouvées se montent à 177,2/3,32= 53 ans. Les réserves de gaz seraient donc épuisées en 2071. Bien sûr, ce processus ne sera pas linéaire et il y aura des tensions, voire des ruptures d'approvisionnement, avant.

Donc, en synthèse, dans le scénario de référence on en a jusqu'en 2071 pour le gaz et jusqu'en 2074 pour le pétrole. Quant au charbon, il serait totalement remplacé par du renouvelable vers 2154.

Mais que fera-t-on en 2071- 2074 lorsque gaz et pétrole se tariront ?

Il est vraisemblable qu'à cette époque, la fusion nucléaire ne sera pas encore disponible sur des bases rentables et industrielles (cet aboutissement est plutôt attendu pour 2100).

Serait-il alors techniquement possible que l'humanité se tourne encore davantage vers le charbon ? De 2071 à 2100, le charbon pourrait-il à lui seul faire face aux besoins en énergie carbonée ?

En 2071, il resterait 577,3 GTEP de charbon en réserves et la part à fournir par les énergies fossiles serait de 84,7%-(0,4%x53)=63,5%. En 2100, elle ne serait plus que de 51,9%. Sur ces bases, il resterait, en 2100, 344,9 GTEP de charbon.

En pratique, cette transition au charbon poserait beaucoup de difficultés: l'opinion publique pourrait s'y opposer, on ne transporte pas du charbon aussi facilement que du pétrole, comment le charbon pourra-t-il remplacer le pétrole dans les transports...etc. L'utilisation du charbon dans les transports passera certainement par l'électricité. Cette transition a d'ailleurs déjà commencé.

Si, partant de 2018, on se projette en 2100 dans le scénario de référence, l'humanité aura intégralement consommé 236,46 GTEP de pétrole, 177,2 GTEP de gaz naturel et 738,5-

344,9=393,6 GTEP de charbon.

Qu'aura-t-elle alors généré comme CO2 supplémentaire ?

Les facteurs d'émission de dioxyde de carbone diffèrent non seulement en fonction du type de combustible, mais aussi en fonction de sa qualité (cf. notamment " CO_2 Emission Factors for Fossil Fuels, Umweltbundesamt, 4/2016). Il s'agit donc d'un sujet complexe, mais en simplifiant très fort et à la grosse louche, la combustion du charbon génère 29 kg de carbone par gigajoule, le pétrole 20 et le gaz naturel 15,5. Il s'agit maintenant de convertir les kg de carbone en kg de CO_2 et les tonnes équivalent pétrole en gigajoules.

Le poids atomique du carbone est de 12 et le poids moléculaire du CO_2 est de 44. Un kg de carbone équivaut donc à 44/12= 3,67 kg de CO_2.

Par ailleurs, 1TEP = 41,87 GJ

Par conséquent, la combustion d'une TEP de pétrole génère 41,87x20x3,67/1.000= 3,07 tonnes de CO_2.

En 2100, nous aurons consommé 236,46 GTEP de pétrole et ainsi émis 726 GT CO_2.

De même, la combustion d'une TEP de charbon génère 41,87x29x3,67/1.000= 4,46 TCO_2 .

En 2100, nous aurons consommé 393,6 GTEP de charbon et émis 1.755 GT CO_2.

Quant au gaz naturel, la combustion d'une TEP de celui-ci génère 41,87x15,5x3,67/1000= 2,51 TCO_2 .

Nous aurons consommé 177,2 GT de gaz naturel en 2100,

générant 445 GT CO_2.

Soit un total général de 2.926 GT CO_2.

Quelle incidence ce CO_2 va-t 'il avoir sur le pourcentage de CO_2 dans l'atmosphère ?

Ce CO_2 va s'inscrire dans une série de dynamiques planétaires, dont les échelles du temps sont différentes.

A l'échelle du siècle, la dynamique pertinente, c'est-à-dire celle qui a un effet sensible, est le stockage de CO_2 dans la terre, via la photosynthèse des végétaux, et le stockage de CO_2 dans (principalement) les océans et les autres étendues d'eau via l'équilibrage entre la pression partielle de CO_2 dans l'atmosphère et la tension de CO_2 dans l'eau. Le GIEC a synthétisé les travaux scientifiques sur le cycle du carbone dans son rapport intitulé "Climate Change 2013, the Physical Science Basis" (p470 et suivantes). Il y est précisé qu'en un délai de "quelques décennies", " environ un tiers à la moitié" du CO_2 nouvellement émis est ainsi stocké par le sol et les océans. Ce flou artistique est illustré par un schéma (p473), qui montre une décroissance quasi logarithmique, en conséquence forte au départ, mais s'essoufflant très vite.

Pour les besoins du présent scénario, il est nécessaire de formuler une hypothèse sur cette base. L'hypothèse retenue ici scindera les 2.926 GT de CO_2 en 4 parts égales, ce qui est une approximation, puisque, grâce à l'augmentation de la part des énergies renouvelables, la consommation de combustibles fossiles décroîtra. D'autre part, le recours accru au charbon dans les dernières décennies du XXIe siècle va, lui, faire augmenter les émissions de CO_2. Par une autre approximation, on va estimer que 20% du CO_2 supplémentaire émis sont stockés naturellement pendant les 20 années suivant son émission 10% pendant les 10 premières années), puis que 5% supplémentaires sont stockés par période de 10 ans. Ces tranches de CO_2 seront supposées émises en 2030, 2050, 2070 et 2090

Voyons ce que deviennent nos 2.926 GT CO_2, tranche par tranche:

Tranche 2030: 731,5x55%=402,33
Tranche 2050: 731,5x65%=475,48
Tranche 2070: 731,5x75%=548,63
Tranche 2090: 731,5x90%=658,35

Soit au total 2.084,79, disons 2.085 GT CO_2.

Mais que représente cette quantité de CO_2 en termes de pourcentage de l'atmosphère ?

La masse de l'atmosphère terrestre est de 5,3x10exp18 kg (Graw-Hill Encyclopedia of Science and Technology. vol. 2. New York: McGraw-Hill, 1992: 278) , soit 5.300.000 GT.

En 2100, le pourcentage de CO_2 dans l'atmosphère aura augmenté de 2.085/5.302.085=0,0393%=393ppm (part par million).

A ces 393 ppm, il faut ajouter ce que l'atmosphère contenait déjà comme CO_2 à fin 2018, soit 409 ppm (source: ourworldindata.org).

En 2100, il y aura donc, selon le scénario de référence, 802 ppm de CO_2 dans l'atmosphère.

Une formule lie la variation de concentration de dioxyde de carbone à la température globale de la terre.

Il s'agit de $\Delta F=5,35 \times \ln(C/Co)$, où ΔF est la variation de flux énergétique reçue par la terre, en watts par mètre carré, et ou C et Co sont les concentrations en CO_2 de l'atmosphère, à la fin et au début de la période considérée.

Ajoutons que $\Delta T = 0{,}31 \times \Delta F$, où ΔT est la variation de température globale à l'échelle de la planète.

280 ppm est considéré comme le niveau normal de dioxyde de carbone en période interglaciaire. C'est aussi le niveau qui existait avant l'ère industrielle, à savoir environ en 1750.

Fin 2018, ce niveau était de 409ppm, et selon le scénario de référence, il serait passé à 802 ppm en 2100.

Supposons que Co= 280 ppm (niveau pré-industriel) et C la concentration en CO_2 en 2100, soit 802 ppm.

$\Delta F = 5{,}35 \times \ln(802/280) = 5{,}63 \, W/m^2$ soit une variation de température $\Delta T = 0{,}31 \times 5{,}63 = 1{,}75°$ (C ou K)

1,75°C ? Et encore, il s'agit de 1,75°C par rapport au niveau préindustriel ! Pas de quoi fouetter un chat ! Pourquoi nous bassine-t-on alors avec le changement climatique.

Jusqu'ici, à peu de choses près, le seul gaz à "effet de serre" (forçage radiatif) évoqué a été le CO2, mais il y en a d'autres, notamment le méthane (on va y venir), la vapeur d'eau (et le N_2O, dont on ne parlera guère car son rôle est mineur.)

Une élévation de la température va faire augmenter la pression partielle de vapeur d'eau au sein de la troposphère (la troposphère, couche basse de l'atmosphère, contient pratiquement toute la vapeur d'eau terrestre). Cette augmentation est donnée par l'équation de Clausius-Clapeyron.

La vapeur d'eau, gaz a effet de serre, va se mettre à absorber et réémettre davantage de rayonnement. S'ensuivront des cycles de rétroaction entre CO2 et vapeur d'eau via la température de surface, et le résultat de tout cela est que la vapeur d'eau va approximativement doubler le forçage radiatif au niveau de la température globale de surface.(Robert Ellis, 7/2013, globalwarmingequation.info).

Bref, notre 1,75°C d'il y a quelques lignes devient 3,5°C.

Ce n'est pas tout, car il existe encore d'autres forçages: le méthane (que nous avons laissé de côté jusqu'ici) et la diminution de l'albédo.

Le réchauffement des permafrosts ou pergélisols aux hautes latitudes (presque exclusivement dans l'hémisphère nord) va induire la libération d'une partie du méthane qui y était emprisonné. Le réchauffement causé par le méthane ainsi libéré équivaut à 28% du réchauffement provoqué par le CO2 (skepticalscience.com) . Dans le cadre de notre scénario de référence, il s'agirait donc d'un réchauffement de 1,75 x 28%= 0,49°C.

Reste la diminution de l'albédo. L'albédo est, pour une surface donnée ou pour un ensemble de surfaces, le rapport entre l'énergie lumineuse incidente et l'énergie lumineuse réfléchie. Plus la surface est réfléchissante, plus l'albédo est élevé. La glace présente un albédo particulièrement élevé, de l'ordre de 0,60. Si elle fond, elle est remplacée par de l'eau (banquise) ou du sol (glacier), en un mot, par quelque chose dont l'albédo sera de l'ordre de 0,15. On pourrait ainsi penser que l'albédo participe à une boucle de rétroaction positive: plus il fait chaud, moins il y a de glace, moins la terre réfléchit la lumière du soleil. Et moins la terre réfléchit la lumière du soleil, plus il fait chaud.etc. Cette boucle de rétroaction a d'ailleurs joué un rôle essentiel lors de modifications de climat passées.

Toutefois, le rôle actuel de l'albédo n'est pas clair (skepticalscience.com). Bien sûr, la surface couverte par banquise et glaciers diminue, surtout dans l'hémisphère nord, mais d'autres effets, notamment dans la couverture nuageuse, semblent compenser cette perte. En conclusion, l'albédo semble à peu près constant, et nous n'en tiendrons pas compte.

Selon le scénario de référence, on devrait donc se situer, en 2100, à une augmentation de température de 3,99°C, soit pratiquement 4°C par rapport à l'ère pré-industrielle.

<u>Chapitre V</u> - La Terre se réchauffe, et alors ?

La terre se réchauffe, et alors ?

Le réchauffement climatique fait figure de croquemitaine, mais quels risques représente-t'il ?

Ces risques sont au nombre de cinq:

- Le réchauffement en lui-même. La France se souvient encore de la canicule 2003, qui a coûté la vie à de nombreux aînés (environ 15.000). Dans les pays chauds, les canicules peuvent également faire des victimes, ou tout simplement perturber l'activité économique.
- La sécheresse. L'humain a besoin d'eau pour vivre, directement pour s'hydrater et indirectement pour faire pousser les plantes qui le nourriront.
- La perte de biodiversité. Le vivant nous rend des services écosystémiques. Si une partie du vivant disparaît, ces services ne seront plus rendus, toutes autre choses restant égales.
- Les catastrophes naturelles. Le réchauffement climatique augmente le contraste entre la troposphère (la partie de l'atmosphère proche de la surface) et la stratosphère, ce qui accentue les mouvements convectifs et donc la puissance des ouragans, tempêtes, tornades, typhons,... Au rang des catastrophes naturelles favorisées par le réchauffement figurent également la montée du niveau des eaux, les incendies et les pluies diluviennes.
- Les maladies. Le réchauffement peut étendre les zones d'endémie de certaines maladies, comme la malaria.

Comment ces risques vont-ils affecter la terre en 2100 ?.

Admettons que la Terre se réchauffe de 4°C, d'ici à 2100. Dans quel monde vivrons-nous alors ?

Il faut tout d'abord rappeler que l'augmentation de 4°C se mesure par rapport au niveau pré-industriel. Cela signifie 2,8°C de plus par rapport à fin 2018, ou encore 3,5°C de plus par rapport à la moyenne 1961-1990, qui sert souvent de référence.

Mais qu'est-ce que cela va signifier concrètement ? Après tout, avoir un peu plus chaud, cela ne nous fera pas de mal. La vie est quand même bien plus agréable quand le temps est doux. Par ailleurs, les chefs d'états et d'entreprises ont, depuis longtemps, compris les avantages du réchauffement. Finis ces ours stupides chassant le phoque sur une encombrante banquise. Une fois la glace fondue et ces grands carnivores transformés en manteaux de fourrure, de nouvelles routes maritimes passeront par le Pôle Nord et les puissances locales ou non pourront s'y disputer les eaux territoriales et l'exploitation des ressources naturelles. Et si les petits vieux se dessèchent, il y aura moins de retraites à payer.

Mais à part ces prévisibles réjouissances, à quoi va ressembler la Terre? Comparaison n'est pas raison, mais, avant de construire des ordinateurs de la taille de l'Empire State Building pour faire des simulations, ne pourrait-on se référer à une période passée la plus similaire possible, si possible par trop éloignée dans le temps, pour que les continents n'aient pas trop changé de position ? Une Terre à 18,5°C de moyenne, ça s'est déjà vu souvent.

Il faut tout de même remonter de 16 millions d'années pour trouver des températures de cet ordre.

Nous sommes alors au milieu du Miocène, et la Terre, venant de l'optimum thermal de l'Eocène, se refroidit doucement, mais reste chaude. A cette époque, l'Antarctique est déjà englacé, mais pas le Groenland, le Sahara est couvert de forêts, l'isthme de Panama est sur le point de se refermer, la Mer Rouge ne sépare pas encore l'Arabie de l'Afrique, le terrible mégalodon règne sur les mers et des forêts de laminaires envahissent les eaux peu profondes. On assiste à un nouvel optimum thermal (optimum thermal du milieu du Miocène), même s'il est moins prononcé que celui de l'Eocène.

Au milieu du Miocène, des forêts tempérées couvrent l'Europe, la Sibérie, le Canada,..., des forêts subtropicales ou des savanes boisées couvrent une grande partie des Etats-Unis, de l'Amérique du Sud, de la Chine et de l'Australie. Le taux de CO_2 dépasse légèrement 400 ppm, un peu comme en 2020.

D'une manière générale, les terres sont correctement irriguées et c'est logique, puisqu'un climat plus chaud est aussi en principe plus humide: il y a davantage d'évaporation et donc davantage de précipitations.

La Terre se caractérise alors par une différence de températures moins marquée que maintenant entre hautes et basses latitudes. Il est d'ailleurs logique que, sur une Terre plus chaude, on ait des zones climatiques moins marquées, et un climat plus uniforme, à tout le moins pour ce qui concerne les températures. En effet, le forçage radiatif est d'autant plus important que la température de départ est basse. Lorsque le forçage radiatif augmente, toutes autres choses restant égales, la température augmente plus la nuit que le jour, l'hiver que l'été et aux pôles plus qu'à l'équateur. En toute logique, le milieu du Miocène a dû être une période où le forçage radiatif était bien plus important qu'actuellement. Oui mais voilà, le souci, c'est que le taux de CO_2 était, lui, semblable au niveau actuel. Comme lors de l'optimum thermal de l'Éocène, une activité volcanique accrue aurait dégagé d'importantes quantités de méthane, mais cela reste une hypothèse.

Ce qui frappe lorsqu'on s'intéresse à l'optimum climatique du milieu du Miocène, c'est que celui-ci semble particulièrement propice à la vie en général et aux mammifères en particulier. Rien à voir avec l'enfer qu'on nous annonce parfois en cas d'augmentation des températures.

En revanche, le refroidissement qui a suivi, de -14,8 à -14,1millions d'années, a vu une extinction importante de formes de vie terrestres et marines. Les paysages y ont profondément changé et la savane herbeuse a remplacé de nombreuses forêts. De ce fait, au cours de l'histoire du climat, le froid et le sec d'une part, le chaud et l'humide d'autre part, ont été associés la plupart du temps. Bien sûr, il peut y avoir des épisodes transitoires froids et humides ou chauds et secs. Bien sûr aussi, il peut y avoir des variantes locales qui s'éloignent de cette forte tendance générale.

Mais dans son rapport de 2014 (Climate Change 2014 Synthesis Record, IPCC, pp 59 à 62), le GIEC nous annonce notamment, pour 2100, l'assèchement de deux larges croissants, l'un partant de la Californie, passant par l'Amérique centrale pour se terminer dans le bassin méditerranéen, et l'autre partant de l'Amazone, passant par l'Afrique du Sud et se terminant dans le sud de l'Australie. Cette prévision est le résultat de modélisations, mais elle ne coïncide pas avec l'optimum climatique du milieu du Miocène, période pendant laquelle la température moyenne globale était plus élevée de 4°C par rapport à 1850.

Inversement, lorsque l'on essaie de modéliser l'optimum du milieu du Miocène, on se heurte à de grandes difficultés

(Goldner, A.; Herold, N.; and Huber, Matthew, "The Challenge of Simulating the Warmth of the Mid-Miocene Climatic Optimun in CESM1" (2014).Department of Earth, Atmospheric, and Planetary Sciences Faculty Publications.Paper 185.) On peut ainsi se demander quelle est la clé de ce mystère: de mauvais modèles ou une perception inexacte du Miocène.

La question est d'importance, car les végétaux sont à la base de la chaîne alimentaire. Or, si ces végétaux sont sensibles à la chaleur, il leur faut surtout de l'eau pour vivre. Le régime des précipitations revêt alors une importance vitale. Ainsi, au milieu du Miocène, des précipitations abondantes favorisent les forêts aux dépends des toundras et savanes.

Encore une fois comparaison n'est pas raison. Ainsi, la végétation présente pendant l'optimum thermal du milieu du Miocène n'est pas nécessairement celle qui est présente maintenant. Par exemple, au milieu du Miocène, une bonne partie de la forêt amazonienne laissait la place à une végétation de type savane,etc... Par ailleurs, même si des hominidés existaient déjà, les humains, eux, n'étaient pas là pour se plaindre de variations climatiques éventuelles dont nous avons perdu la trace: sécheresses, inondations, tempêtes,... Qui plus est, au Miocène, le niveau des océans a monté à des niveaux plus élevés qu'actuellement, d'autant plus que la calotte groenlandaise n'existait pas encore.

Pour essayer d'y voir clair, on peut soit essayer de trouver l'origine des divergences entre les modélisations et les paléoclimats pour une terre à +4°C (par rapport à 1850), soit examiner de plus près d'autres paléoclimats.

Pour trouver l'origine des divergences entre modélisations et le climat d'il y a 16 millions d'années (optimum thermal du milieu du Miocène), il faut dire un mot des circulations océanique et atmosphérique.

Tout d'abord l'océan. Non seulement les océans couvrent-ils 70,8% de la surface terrestre, mais encore captent-ils 90% de l'énergie qui arrive sur terre. La masse des océans est en effet 270 fois plus importante que celle de l'atmosphère. De plus, à masse égale, l'eau a une capacité calorifique 4 fois plus importante que l'air. Cela signifie globalement que la capacité calorifique des océans est (270x4=) 1080 fois plus importante que celle de l'atmosphère. Les courants répartissent l'énergie reçue aux basses latitudes vers les hautes latitudes, où ils réchauffent l'air. C'est ainsi, par exemple que le Gulf Stream réchauffe l'air au-dessus de l'Atlantique, air qui va réchauffer à son tour le continent européen.

Quant à la circulation générale de l'air, elle est classée en trois cellules dans chaque hémisphère: la cellule de Hadley, la cellule de Ferrel et la cellule polaire.

L'air chauffé (par le soleil) près de l'équateur s'élève et retombe en zone subtropicale, entre 25° et 40° de latitude, rendant difficile l'évaporation dans ces zones, ce qui les assèche. L'air retourne ensuite vers l'équateur. C'est la cellule de Hadley. La circulation des vents est influencée par la rotation de la Terre, qui produit les forces de Coriolis. Les vents ont ainsi tendance à dévier sur leur droite dans l'hémisphère nord et vers leur gauche dans l'hémisphère sud.

Les cellules polaires s'étendent entre les soixantièmes parallèles et les pôles. Un peu comme dans la cellule de Hadley, l'air s'élève au 60ème parallèle et retombe aux pôles, ce qui explique que l'Antarctique est un désert.

Entre les deux, aux latitudes moyennes, dans ce qu'on appelle les cellules de Ferrel, l'air chaud venant de l'équateur et l'air froid venant des pôles se rencontrent. L'air froid, plus dense, oblige l'air chaud à monter. Ce phénomène peut se produire lentement ou rapidement selon que les masses d'air vont dans le même sens ou se télescopent. Dans un cas, cela donnera du crachin et dans l'autre des averses, mais, d'une manière générale, les latitudes moyennes (entre 40° et 60°) sont des zones de précipitations fréquentes. Elles connaissent des successions d'anticyclones et de dépressions, ainsi qu'un régime de vents changeant.

Ceci étant dit, les divergences entre modélisations et paléoclimats semblent pouvoir s'expliquer, à tout le moins partiellement:

- Lors de l'optimum thermal du milieu du Miocène, une mer, la Paratethys, couvrait une grande partie de l'Europe centrale et orientale, ce qui donnait lieu à plus d'évaporation, et donc plus de précipitations. La Paratethys était un des restes de l'océan Tethys. Aujourd'hui, des vestiges en subsistent encore: la Mer Noire, la Mer Caspienne, la Mer d'Aral (dont il ne reste presque plus rien), le Lac Urmia (presque à sec lui aussi) et le Lac Namak (tout aussi à sec). Cette différence peut expliquer pourquoi les modèles prévoient un assèchement des pays du bassin méditerranéen, contrairement à ce qui se passait il y a 15 millions d'années. Bien sûr, la mise à sec de la Mer d'Aral et consorts trouve son origine dans l'irrigation, mais, au niveau du bassin méditerranéen et dans les régions avoisinantes, la contraction de la Paratethys introduit une différence majeure entre le Miocène et l'époque actuelle.
- Il y a 15 millions d'années, le niveau des mers était plus élevé qu'actuellement, ce qui était de nature à favoriser l'évaporation et les précipitations. A l'époque, la calotte groenlandaise n'existait pas. Or elle correspond aujourd'hui à environ 10 mètres de niveau des océans. Encore faudrait-il ajouter à ces 10 mètres une partie de l'actuelle calotte antarctique, qui, au milieu du Miocène, n'avait pas atteint son

épaisseur actuelle.

- Il y a 15 millions d'années, les températures moyennes variaient beaucoup moins vite qu'actuellement. Une augmentation de température de 4°C en 150 ans, telle que supposée dans le scénario de référence, est totalement exceptionnelle au niveau de l'histoire de la planète. La rapidité du changement empêche la végétation de s'adapter, ce qui explique que les modèles prévoient davantage de désertifications.

- Si nous aboutissons à un climat semblable à l'optimum climatique du milieu du Miocène, nous devrons passer par des climats "intermédiaires", donc plus désertiques (cf. Infra)

- Il existe certaines convergences entre l'optimum thermal du milieu du Miocène et les prévisions du GIEC, par exemple l'assèchement et la disparition de la forêt amazonienne.

Par ailleurs, on peut se demander si l'isthme de Panama s'était déjà refermé il y a une quinzaine de millions d'années. Certains auteurs pensent que oui (Middle Miocene closure of the Central American Seaway By C. Montes, A. Cardona, C. Jaramillo, A. Pardo, J. C. Silva, V. Valencia, C. Ayala, L. C. Pérez-Angel, L. A. Rodriguez-Parra, V. Ramirez, H. Niño, Science10 Apr 2015 : 226-229), mais cet isthme est généralement considéré comme d'une constitution plus récente (2,8 millions d'années). La fermeture de l'isthme est habituellement associée à la naissance du Gulf Stream et à celle, par voie de conséquence, de la calotte glaciaire du Groenland. Le Gulf Stream réchaufferait l'air et apporterait avec lui l'humidité nécessaire à la constitution de l'inlandsis. Partant, il contribuerait à déplacer les précipitations vers le nord dans l'hémisphère nord.

Enfin, si la température, en 2100, a augmenté de 4°C par rapport à 1850, cela veut dire que la terre sera passée par des stades "intermédiaires" qui se rapprochent de ce que la terre a connu pendant la seconde moitié du Miocène, période beaucoup plus sèche (car moins chaude) qui a vu notamment la désertification de toute une partie de l'Australie.

Si l'on met de côté l'optimum thermal du milieu du Miocène et que l'on cherche à comparer le climat de 2100 (dans le scénario de référence) à des situations antérieures au Miocène, les comparaisons risquent de perdre de leur pertinence en raison d'une configuration par trop différente des plaques continentales.

Toutefois, un événement survenu il y a 56 millions d'années présente certaines similarités avec la situation actuelle.

Rappelez-vous: il y a 56 millions d'années est survenu le maximum thermique Paléocène-Éocène (paleocene-eocene thermal maximum ou PETM): une brusque augmentation de la température de 5 à 8°C a provoqué certaines extinctions et renouvellements de la faune, notamment chez les mammifères. A cette époque, la Terre était plus chaude qu'actuellement, ce qui a pu favoriser la libération du méthane contenu dans le permafrost et les planchers océaniques (clathrates de méthane). Ce méthane a augmenté le forçage radiatif. Avant le PETM, la terre était déjà relativement chaude. Ainsi, l'Antarctique n'était pas encore englacé, sans même parler du Groenland. Le PETM a donc touché une faune et une flore de climats globalement chauds. Le fossé adaptatif à franchir serait donc vraisemblablement plus important dans le cas du scénario de référence. Le PETM nous enseigne également le rôle amplificateur des clathrates de méthane, mais dans un contexte de terre plus chaude que maintenant.

Lors du quaternaire sont survenus plusieurs événements pouvant constituer un point de comparaison avec l'époque actuelle.

Ainsi, les événements de Dansgaard-Oeschger ont réchauffé l'hémisphère nord dans des proportions pouvant aller jusqu'à 8°C en 40 ans. Avec un impact important sur la vie marine. Ces événements se déroulaient sur une terre globalement plus froide qu'actuellement et concernaient l'hémisphère nord uniquement, ce qui rend la comparaison malaisée. Toutefois, ils ont notamment correspondu à une extension vers le nord de la zone de convergence intertropicale, ce qui a permis au Sahara de connaître des conditions humides et d'être couvert de savane. Ces événements ont eu un effet très sensible sur la vie marine et notamment sur les récifs coralliens. En cas de réchauffements, ceux-ci sont souvent les premiers à disparaître. L'impact a été moins clair et moins évident sur la faune terrestre, et notamment sur les mammifères.

Enfin, lors des période interglaciaires précédant la nôtre, la température terrestre globale a excédé de maximum 2,5°C le niveau de 1850. Il s'agit de périodes que notre espèce a connues. Les changements climatiques ont d'ailleurs influé grandement et de façons diverses sur l'évolution de notre espèce (cf. Par exemple Neil Roberts, Jessie Woodbridge, Andrew Bevan, Alessio Palmisano, Stephen Shennan, Eleni Asouti,Human responses and non-responses to climatic variations during the last Glacial-Interglacial transition in the eastern Mediterranean,Quaternary Science Reviews,Volume 184,2018,Pages 47-67,ISSN 0277-3791)

Avant d'élaborer un scénario simple sur base de ces comparaisons, il faut rappeler que l'impact humain sur l'environnement ne se limite pas au réchauffement climatique. La pollution et la surexploitation des ressources naturelles, et particulièrement la surpêche, constituent une menace importante pour différentes formes de vie, et notamment la vie marine ainsi que ceux qui en sont dépendants.

Rappelons que de nombreux scientifiques (cf. notamment Barnosky, A., Matzke, N., Tomiya, S. et al. Has the Earth's sixth mass extinction already arrived?. Nature 471, 51–57 2011) pensent que la Terre subit une sixième extinction de masse. Les 5 extinctions précédentes ont vu disparaître environ 80% des espèces en environ un million d'années. Le rythme actuel est entre 8 et100 fois plus rapide. La date de 2045 est parfois citée comme date pivot. En 2045, le vivant pourrait cesser de nous rendre une série de services écosystémiques, et l'extinction pourrait prendre un tour irréversible.

Ceci dit, rien ne prouve que cette sixième extinction soit corrélée au changement climatique. Elle est un risque en soi, qui mériterait un livre à lui seul.

Quant au scénario simple en lui-même, il pourrait reposer sur les grandes lignes suivantes:

- Désertification du bassin méditerranéen.
- Aridification de l'Amazonie.
- Désertification de l'Australie

Il convient également de formuler une hypothèse sur la montée du niveau des océans. Depuis l'ère pré-industrielle, celui-ci s'est élevé de 30cm. Pendant les dernières périodes interglaciaires (il y a 125.000 ans) il dépassait de 10m le niveau actuel. Même si le temps joue un rôle crucial dans la fonte des calottes glaciaires, il semble logique de lier celle-ci à la température, en une relation proportionnelle. Le niveau a monté de 0,30m alors que la température augmentait de 1,1°C, il montera de 0,30x4/1,1=1,09m en tout (soit 79cm de plus qu'en 2020) si la température augmente de 4°.

Enfin, la déforestation constitue également un facteur sensible d'émission de CO2. L'aridification de certaines zones pourrait accélérer le changement climatique, mais c'est très difficile à estimer, car d'autres régions pourraient reverdir. Nous laisserons donc la question de la déforestation en-dehors du raisonnement.

Toutes ces hypothèses, étayées par l'histoire de notre planète, sont de nature à provoquer des pertes humaines. Laissons de côté l'effet des catastrophes naturelles et les maladies. Commençons par les effets de la chaleur, puis passons aux effets sur l'alimentation.

Quant à la chaleur, un article de 2020 (The emergence of heat and humidity too severe for human tolerance, Colin Raymond, Tom Matthews and Radley M. Horton Science Advances 08 May 2020: Vol. 6, no. 19, eaaw1838 DOI: 10.1126/sciadv.aaw1838) suggère que certaines zones vont devenir invivables à cause de la chaleur humide (35°C et 100% d'humidité), voire le seraient déjà.

Le rapport de la FAO sur l'état de l'alimentation dans le monde (FAO, State of Food Security in the World, 2019) souligne que, après un long déclin, la faim a recommencé à gagner du terrain depuis 2015, ainsi que la sous-alimentation. La FAO mesure également l'insécurité alimentaire, ce qui est plus large que la faim et la sous-alimentation. L'insécurité alimentaire suppose l'absence d'accès régulier à des ressources alimentaires suffisantes.

En 2018, 10,8% de la population mondiale, soit 821,6 millions de personnes, étaient sous-alimentées. 26,4% de la population mondiale, soit plus de 2 milliards de personnes, étaient en insécurité alimentaire.

Mais si l'on essaie d'estimer l'influence du climat sur la faim,
on ne peut pas se passer de la notion de PIB.

Le Produit Intérieur Brut mesure les richesses produites en un an par les agents économiques résidant dans un territoire donné.

Il s'agit d'une notion importante dans le calcul des conséquences des variations climatiques.

Un pays qui se désertifie pourra importer de la nourriture, sauf si son produit intérieur brut (PIB) n'est pas suffisant. Il faut donc d'abord déterminer l'incidence des désertifications sur le produit intérieur brut, puis mettre celui-ci en rapport avec un indice de développement humain (IDH). L'IDH donnera une espérance de vie et donc une incidence sur la mortalité.

Mais y a-t-il une corrélation entre le PIB et les autres constituants de l'IDH, à savoir l'espérance de vie et la durée moyenne de la scolarité ? D'une manière générale, PIB par habitant et IDH sont assez bien corrélés (Janez Sušnik & Pieter van der Zaag (2017) Correlation and causation between the UN Human Development Index and national and personal wealth and resource exploitation, Economic Research-Ekonomska Istraživanja, 30:1, 1705-1723, DOI: 10.1080/1331677X.2017.1383175), et, dans les classements établis par les Nations Unies, l'écart entre le rang d'un pays pour son IDH et son rang pour le PIB par habitant excède rarement 20 places. Les pétromonarchies sortent de cette fourchette vu leur PIB élevé. Inversement, certains pays comme Cuba, la Géorgie ou l'Arménie, grâce à de bons réseaux d'enseignement et de soins, sont bien meilleurs en IDH qu'en PIB par habitant. Cuba détient le record, avec 43 places de mieux en IDH qu'en PIB par habitant (Human Development Report 2019, United Nations. Données 2018). Il semble qu'il existe également une forte corrélation entre l'espérance de vie à la naissance et le PIB par habitant (Susnik et van der Zaag, op. cit.), mais ce point de vue n'est pas unanime, car, pour les pays à haut revenu par habitant, le niveau de dépenses médicales et l'absence de trop grandes inégalités jouent également un rôle important (The effect of economic recession on population health, Stephen Bezruchka, MD MPH CMAJ. 2009 Sep 1; 181(5): 281–285.).

Ceci dit, l'examen des données montre clairement une corrélation entre le PIB par habitant et l'espérance de vie à la naissance. Celle-ci n'est toutefois pas linéaire, mais logarithmique (Our World in Data, Life Expectancy vs. GDP per Capita, 2015) et est concrétisée par la courbe de Preston (Samuel H. Preston est celui qui l'a décrite pour la première fois en 1975). Cette courbe montre que la même augmentation de PIB en valeur absolue a beaucoup plus d'effet sur l'espérance de vie dans les pays à faibles revenus que dans les pays à haut revenus. Cette courbe a fait l'objet d'études considérables de la part des économistes (cf. notamment The Great Escape: health, wealth, and the originsof inequality, Angus Deaton , Princeton UniversityPress, 2013 ainsi que que Philippe Aghion, Cours au Collège de France, 30/10/2018). Cette courbe se déplace chaque année, en principe vers le haut, vers une espérance de vie plus élevée, grâce principalement à l'innovation en matière de santé. Cette évolution étant difficilement prévisible, on se basera sur la formule de la courbe de Preston 2012, à savoir $y=6{,}0406\ln(x)+16{,}132$, où y est l'espérance de vie à la naissance et x le PIB par habitant en dollars constants.

Pour l'estimation de l'impact des changements climatiques, ainsi que pour l'évaluation des conséquences des différentes mesures, la diminution de PIB sera calculée.

Les rapports entre PIB et climat nourrissent de nombreux paradoxes. D'une part, le scénario de
référence suppose que l'ensemble de la population mondiale atteigne un niveau très élevé de développement humain. D'autre part, ce même scénario de référence aboutit à des diminutions de PIB dues au changement climatique. A quoi cela peut-il correspondre en pratique ? Si des aides peuvent affluer vers les pays et les régions touchés par les pertes de productivité (principalement agricole), l'impact de ces dernières peut être dilué. Le scénario de référence tient implicitement compte de cette hypothèse puisque tout le monde est supposé atteindre le niveau de développement humain de, disons, la Serbie. Tous les pays qui affichent un indice de développement humain supérieur vont donc faire marche arrière. Une autre conséquence des diminutions de PIB dues au climat pourrait être l'émigration des populations touchées, avec, là aussi, une dilution des conséquences.

Dans le cadre du scénario de référence et du calcul de l'impact des changements climatiques, les populations (en localisation et en nombre) et les aides seront considérées comme stables par rapport à l'année de référence,

D'un autre coté, on ne peut pas établir un corollaire strict entre PIB et climat, car le PIB d'un pays ou d'une région est le résultat de trois facteurs:

- Ce que les économistes appellent le capital, c'est-à-dire tant les machines, que le facteur humain, que les infrastructures ou encore les conditions matérielles de production.
- Ce que les économistes appellent les institutions, un terme également très vaste et qui rassemble entre autres le système juridique, l'Etat et les pouvoirs publics, la culture et les convictions de la population,...
- L'innovation, que les économistes définissent en général comme le progrès technique (tout en ne définissant pas le

progrès technique lui-même).

Le changement climatique va directement affecter le capital au sens repris ci-dessus. Il fera, par exemple, plus chaud, ce qui pourrait induire des stress hydriques, rendre plus compliquée la production,etc. On peut également se poser la question de savoir si le changement climatique ne va pas entraîner une modification des institutions, voire de l'innovation.

Ici, au niveau du PIB, l'hypothèse retenue sera simplement celle d'une translation des productions agricoles dans les régions qui seront, dans le scénario de référence, significativement concernées par un réchauffement: le bassin méditerranéen et le Moyen-Orient, le Brésil et l'Australie.

Ainsi, la production agricole par hectare de quatre pays du nord de la Méditerranée (Espagne, France, Italie et Grèce) et du Brésil sera supposée devenir égale à celle de l'Afrique du Nord et du Moyen Orient (qui est calculée par la Banque Mondiale), et la production agricole par hectare de l'Afrique du Nord et du Moyen-Orient, ainsi que de l'Australie sera supposée devenir égale à celle de l'Afrique subsaharienne.

La Banque Mondiale (https://donnees.banquemondiale.org/indicator/AG.YLD.C REL.KG) publie le rendement des céréales par pays, en kilogramme par hectare. Bien sûr, il peut sembler partial de ne prendre que les céréales comme critère, mais elles constituent la base de l'alimentation dans de nombreux pays. Les données fournies par la Banque Mondiale concernent 2017 incluent le blé, le riz, le maïs, l'orge l'avoine, le sarrasin, le sorgho, le millet et les grains mélangés. Elles couvrent donc une large palette de cultures. Il s'agit de rendements en kilo par hectare.

Dans ce scénario, l'Espagne passerait de 2.769 à 2.539 kg/ha, la France passerait de 6.875 à 2.539 kg/ha, l'Italie de 5.171 à 2.539 kg/ha, la Grèce de 3.764 à 2.539 kg/ha et le Brésil de 5.209 à 2.539 kg/ha.

L'Afrique du Nord et le Moyen-Orient passeraient de 2.539 à 1.496 kg/ha et l'Australie de 2.674 à 1.496 kg/ha. Sous l'appellation "Afrique du Nord et Moyen-Orient, la Banque mondiale regroupe "l'Algérie, l'Arabie saoudite, le Bahrein, la Cisjordanie et Gaza, Djibouti, l'Egypte, le Emirats Arabes Unis, l'Iran, l'Irak, Israël, la Jordanie, le Koweit, le Liban, la Libye, Malte, le Maroc, Oman, le Qatar, la Syrie, la Tunisie et le Yemen."

Supposons ensuite que la valeur ajoutée par l'agriculture de ces pays diminue dans la même proportion et répercutons cette diminution sur le PIB (produit intérieur brut des pays concernés).

Toujours selon les chiffres de la Banque mondiale (valeur ajoutée par l'agriculture), l'Espagne (2019) passerait de 36.962 millions de dollars US (MUSD) à 33.892 MUSD (diminution de 3.070 MUSD), la France (2019) passerait de 43.371 MUSD à 16.017 MUSD (diminution de 27.354 MUSD), l'Italie (2019) passerait de 38.711 MUSD à 19.007 MUSD (diminution de 19.704 MUSD), la Grèce (2019) passerait de 7.670 MUSD à 5.174 MUSD (diminution de 2.496 MUSD) et le Brésil (2019) passerait de 81.622 MUSD à 39.785 MUSD (diminution de 41.837 MUSD).

L'Afrique du Nord et le Moyen-Orient (2018) passeraient de 161.945 MUSD à 95.419 MUSD, soit une diminution de 66.526 MUSD.

L'Australie (2019) passerait de 29.041 MUSD à 16.247 MUSD,

soit une diminution de 12.794 MUSD.

Selon les hypothèses retenues ici, le réchauffement climatique coûterait 174 milliards de dollars par an au secteur agricole (en cas d'élévation de la température de 4°C par rapport au niveau préindustriel). Au niveau des pays et des régions, le déclin de la productivité agricole va faire chuter le PIB par habitant et, partant, l'espérance de vie à la naissance. Ce que nous recherchons, c'est donc une diminution de PIB par habitant. Il convient donc de diviser la baisse projetée par le nombre d'habitants. Idéalement, la référence au nombre d'habitants devrait être une moyenne entre la population actuelle et celle de 2100, mais, afin de s'appuyer sur des données fiables, l'année 2019 sera choisie comme référence, même si cela conduit certainement à une sous-estimation de l'incidence des changements climatiques, puisque la démographie est en augmentation: si, demain, il y a plus d'habitants dans les pays concernés, il y aura également plus de victimes.

Par conséquent, selon les hypothèses retenues, la France subira une diminution de 27.354 MUSD (millions de dollars US) de son PIB pour 67,060 millions d'habitants, soit une diminution de 407,90 dollars du PIB par habitant. Mais quel PIB par habitant faut-il prendre en considération ? Afin de répercuter cette diminution, c'est le PIB par habitant de 2019 qui sera pris comme base, afin, là aussi, de s'appuyer sur des données solides. Le PIB par habitant de la France en 2019 était de 40.494 USD (dollars US, en dollars courants). Le PIB "nouveau" par habitant retomberait donc à 40.086 USD. L'application de la formule de Preston (2012) à ces deux valeurs donne 80,21 ans contre 80,27 ans.

Certes, mais rappelons que, dans le scénario de référence, tous les pays sont censés avoir atteint un indice de développement humain de 0,8, considéré comme très élevé.

Or l'IDH de la France (source: UNDP) dépassait largement ce chiffre en 2018, puisqu'il était de 0,891. L'IDH et le PIB sont relativement bien corrélés. Dès lors, il serait logique de prendre un PIB inférieur pour calculer l'incidence sur la population, mais lequel ? Là aussi, on se basera sur des données sûres, à savoir le
PIB du pays ou de la région concernée en 2019, même si, dans le cas des pays dits occidentaux cela aboutit à une légère sous-estimation de l'incidence du changement climatique et même si cela aboutit à une surestimation de celle-ci au Brésil, en Afrique du Nord et au Moyen-Orient.

Dès lors, pour la France, si l'on retient 80,21 ans contre 80,27 ans comme espérance de vie à la naissance et si l'on suppose que le changement climatique affectera uniformément toutes les tranches d'âge le changement climatique fera 50.126 morts.

D'une façon similaire, le scénario de référence aboutit aux réductions suivantes de l'espérance de vie (sur base de l'application de la formule de Preston au PIB avant et après diminution):

- Espagne: 78,36 ans contre 78,38 ans, soit 12.072 morts
- Italie: 79,01 ans contre 79,07 ans, soit 45.755 morts
- Grèce: 75,81 ans contre 75,88 ans, soit 9.886 morts
- Brésil: 70,85 ans contre 70,99 ans, soit 416.213 morts
- Australie: 82,06 ans contre 82,11 ans, soit 15.445 morts
- Afrique du Nord et Moyen-Orient: 70,44 ans contre 70,55 ans, soit 712.588 morts

Soit un total de 1.262.085 victimes.

Ce nombre ne fait pas intervenir les victimes de catastrophes naturelles comme les inondations ou les incendies.

Les victimes en question s'expliquent par une diminution du PIB, qui cause ainsi une détérioration de la qualité des soins de santé et de la qualité de vie en général.

Le scénario de référence suppose toutefois que tous les pays du monde atteignent un IDH de 0,8, considéré comme très élevé. Pour beaucoup de pays, cela signifie une progression sensible de l'IDH et de ses facteurs, notamment le PIB et l'espérance de vie.

Ainsi, le premier pays au-dessus de la barre des 0,8 d'IDH est, en 2019, les Seychelles, qui affichent un PIB par habitant de 30.260 dollars US, contre 17.673 pour la moyenne mondiale. Sur ces bases, la progression supposée du PIB ferait passer l'espérance de vie de 75,26 ans, à 78,51 ans au niveau mondial (application de la courbe de Preston), ce qui sauverait 331.391.177 vies.

En fait, ce nivellement du développement humain aurait des conséquences diverses: tassement de l'espérance de vie dans les pays affichant les PIB les plus élevés et amélioration de l'espérance de vie partout ailleurs.

Il ne s'agit guère là que la confirmation des tendances affichées depuis longtemps. Ainsi, au niveau mondial, l'espérance de vie est passée de 52 ans en 1960 à 72 ans en 2019, vingt ans de mieux ! Mais dans le même temps, elle n'a progressé que de 12 ans dans les pays de l'OCDE.

Le maintien de la croissance permet alors d'augmenter l'espérance de vie, et le changement climatique engendré par cette croissance ne contrecarre que peu cet effet positif.

Le scénario de référence est égalitaire au niveau des pays. Chaque pays y affiche un indice de développement humain de 0,8. Il signifie conséquemment une progression pour tout pays actuellement (c'est-à-dire lors de l'année de référence qui est 2019) situé sous ce seuil. Cette progression permet une amélioration sensible de l'espérance de vie des habitants de ces pays.

En effet, la forme de la courbe de Preston montre que les effets de la progression du produit intérieur brut sur l'espérance de vie sont d'autant plus sensibles que le PIB de départ est bas.

Lors des sommets internationaux sur le climat, lorsqu'il faut choisir entre climat et développement, c'est en général le développement qui gagne, car les pays présentant les PIB moins élevés font pression en ce sens. Et on le comprend au vu de ce qui précède.

Les pays développés, notamment européens, sont plus attentifs aux conséquences du réchauffement climatique, non seulement car certains d'entre eux seront significativement touchés, mais aussi parce que ces conséquences, notamment les phénomènes naturels extrêmes, sont beaucoup plus spectaculaires. Ces catastrophes ont un impact émotionnel très fort, bien supérieur à celui d'une personne mourant par manque de soins appropriés ou de confort.

A chaque étape du scénario de référence, on peut formuler une critique, soit à cause d'un désaccord sur l'hypothèse retenue, soit en raison d'une divergence sur les conséquences qui en sont tirées ou sur la méthode retenue.

Ne nous en privons pas et donnons nous-en à coeur joie. Préparons les tomates pourries,balançons-en quelques-unes sur le scénario de référence.

Tout d'abord, au niveau des conséquences, il est un peu facile de dire que si un pays est touché par la désertification, il lui suffira d'importer de la nourriture. Encore faudrait-il qu'il y ait de la nourriture à importer. En d'autres termes, avec une terre peuplée de 9,7 milliards d'individus, sera t-il possible de produire assez de nourriture pour tout le monde ?

En admettant que la nourriture nécessaire puisse être importée, il est clair que les conséquences du changement climatique vont profondément affecter le quotidien des habitants des pays les plus concernés. Depuis des millénaires, l'humanité connaît une grande stabilité climatique. C'est fini. Il faudra maintenant s'habituer à l'instabilité.

Ainsi, on pourrait reprocher au scénario de référence de ne pas prendre en compte les victimes directes du réchauffement. Rappelons que la canicule européenne de 2003 a fait environ 70.000 victimes en un an, dont 19.490 en France et 20.089 en Italie selon l'Inserm. Or, l'été 2003 fait figure d'avant goût de ce que pourraient devenir les étés du bassin méditerranéen. Si, disons, à partir de 2051, chaque été fait 70.000 victimes en Europe, cela en fait 3.500.000 jusqu'en 2100, et 7.000.000 par siècle. Bien sûr, cela reste faible en regard du nombre de vies que le développement permettrait de sauver, mais ce nombre excède de loin les conséquences supposées de la baisse des rendements agricoles.

En admettant, une nouvelle fois, que la nourriture puisse être importée, l'eau reste une question très locale. La désertification de certains pays ou de certaines régions va causer un stress hydrique. Quelles en seront ses conséquences ? Y aura t-il assez d'eau pour tout le monde ?

Il y a 1,4 milliard de kilomètres cubes d'eau sur terre (source: SPGE www.spge.be/fr/l-eau-dans-le-monde.html?IDC=1300) dont 97,2% d'eau salée et 2,8% d'eau douce. Encore ces 2,8% d'eau douce se trouvent-ils majoritairement sous forme de glace (2,15%). Les eaux souterraines représentent 0,63% et les eaux de surface seulement 0,02%. Les produits et services que nous consommons utilisent de l'eau et leur emprunte eau couvre trois catégories : l'eau dite bleue, à savoir l'eau captée, l'eau dite verte, à savoir l'eau stockée dans le sol, et l'eau dite grise, à savoir celle polluée par les processus de production ou l'eau nécessaire à la dilution suffisante des polluants.

La consommation d'eau globale d'un individu comprend sa consommation directe et sa consommation indirecte. La consommation directe est l'utilisation que nous faisons de l'eau du robinet... enfin...pour ceux qui ont la chance d'avoir un robinet. Elle nous sert à faire notre toilette, nettoyer, lessiver, cuisiner, et à boire, cet usage étant négligeable en pourcentage mais vital à de nombreux points de vue. La consommation indirecte d'un individu représente ce qu'utilisent pour lui les pouvoirs publics, ses fournisseurs d'énergie et les producteurs des biens qu'il achète, dont sa nourriture.

En 2012, la consommation d'eau dans le monde était de 1385 m³ par an et par habitant (source WRI). Cette moyenne recouvre des situations nationales très diverses. Par ailleurs, l'eau est un facteur essentiel de la croissance. Or, le scénario de référence table sur un nivellement du développement humain vers un niveau très élevé. Ceci ne se fera pas sans augmentation du PIB et donc sans une consommation accrue d'eau. La démographie contribuera à faire croître les besoins en eau.

Le rapport mondial des Nations Unies sur l'utilisation des ressources en eau est publié chaque année. L'édition 2020 a étudié le lien entre eau et climat. Elle a relevé notamment un doublement, au cours du XXe siècle, de la consommation d'eau par habitant dans le monde. Elle met l'accent sur le stress hydrique subi par certaines régions, qui correspondent grossomodo à celles que le scénario de référence estime menacées de sécheresse, avec, en plus, une bonne partie de l'Inde. Le stress hydrique est mesuré en comparant le prélèvement en eau total à l'approvisionnement renouvelable en eau disponible. Le rapport 2020 met également en évidence la grande variabilité des précipitations.

La limite de la croissance, ce sera l'eau, bien avant le climat.

D'où l'intérêt de trouver de l'eau, à tout le moins si l'on veut que tout le monde atteigne un indice de développement humain très élevé. Or de l'eau, il y en a, beaucoup, énormément, dans les mers. Pas de chance: elle est salée, et accessoirement polluée dans plusieurs mers du globe. Bien sûr, il faut beaucoup d'énergie pour dessaler l'eau de mer : de 2,58 à 8,5 kWh/m³, contre 0,48 kWh/m³ pour des eaux souterraines (WWDR 2014). Le dessalement est de nature à palier les pénuries d'eau douce, à condition d'avoir accès à une eau de mer de bonne qualité, d'avoir les moyens financiers et techniques nécessaires au dessalement et de disposer des technologies nécessaires à un dessalement performant.

Si les pays qui subiront des sécheresses n'arrivent pas à assurer l'approvisionnement en eau potable de leurs citoyens, leurs institutions et leurs acteurs économiques, leur développement ne sera tout simplement pas possible.

L'analyse du scénario de référence a pris en compte une diminution des rendements agricoles dans les pays concernés par les sécheresses, mais pas un arrêt de la croissance ou une décroissance en raison d'un manque d'eau. Ce sont deux choses différentes. Bien sûr, le changement climatique jouera un rôle dans les pénuries d'eau, mais celles-ci risquent d'arriver indépendamment de celui-là, causées par la croissance elle-même des pays concernés.

L'économie de demain dépendra en grande partie des progrès que nous aurons pu faire dans l'approvisionnement en eau potable.

Mais revenons à la question de la nourriture. La Terre sera vraisemblablement peuplée de 9,7 milliards d'individus en 2050. Pourra-t-elle produire assez pour les nourrir tous ?

Il faut dire que c'est assez mal parti. En effet, en 2019, il y avait toujours 688 millions de personnes sous-alimentées. Selon la FAO (la FAO ou Organisation pour l'alimentation et l'agriculture est l'agence spécialisée des Nations Unies qui mène les efforts internationaux vers l'élimination de la faim), la sous-alimentation désigne le pourcentage de la population qui absorbe, par voie alimentaire, une quantité d'énergie située sous un certain seuil. Ce seuil varie selon les pays et permet de mener une vie sédentaire peu active (An Introduction to the basic Concepts of Food Security, FAO). Son rapport 2020 prévoit que cette sous-alimentation empirera avec 841 millions de personnes sous-alimentées en 2030 (FAO, IFAD, UNICEF, WFP and WHO. 2020. The State of Food Security and Nutrition in the World 2020. Transforming food systems for affordable healthy diets. Rome, FAO). Cette dégradation attendue ne trouve pas seulement son origine dans la croissance démographique, puisque la malnutrition progresserait également en pourcentage, passant de 8,9% à 9,8% de la population. Selon la FAO, c'est principalement en Afrique que la situation se dégraderait, car on passerait, de 2019 à 2030, de 19,1% à 25,7% de sous-alimentation, ou encore de 250 à 433 millions de personnes.

La dégradation de la situation alimentaire mondiale, déjà perceptible depuis 2016, trouve son origine dans plusieurs facteurs : l'accentuation du stress hydrique, des phénomènes climatiques extrêmes, des conflits armés, mais aussi la disparition progressive des petites exploitations locales, souvent dédiées aux cultures vivrières. Ces exploitations sont remplacées par des cultures ou élevages de plus grande ampleur, destinés à l'exportation.

Dans un rapport intitulé "Comment nourrir le monde en 2050", la FAO estime qu'une augmentation de 70% de la production agricole serait nécessaire. Cela ne serait possible qu'à raison d'investissements suffisants, de progrès techniques suffisants et de marchés apaisés, sans flambées de prix. Sur les deux premiers points en tout cas, il s'agit d'un scénario de croissance, ce qui est conforme au scénario de référence.

Ou pas ?

"Ou pas" car la FAO note qu'une production suffisante au niveau agrégé ne garantit pas une alimentation suffisante pour tous. "Ou pas" car on voit bien aujourd'hui que la croissance de certains pays, et pas seulement de la Chine, pousse à rechercher des terres cultivables ou de la nourriture à importer. Dans un cas comme dans l'autre, des monocultures d'exportation se substituent aux cultures vivrières, ce qui fragilise les circuits alimentaires et économiques locaux. "Ou pas" car la croissance et la raréfaction de certaines ressources sont de nature à aggraver les conflits pour l'appropriation de celles-ci. Au cours de l'histoire, les conflits ont causé d'innombrables famines, et cela continue malheureusement de nos jours. "Ou pas" car la surnutrition, la consommation excessive d'aliments trop salés, trop sucrés, trop gras, capte une partie significative des ressources alimentaires tout en contribuant à dégrader la santé de nombreuses personnes. En 2016, l'obésité concernait environ 13% de la population mondiale selon l'OMS. "Ou Pas", enfin, car notre alimentation défie le bon sens. Ainsi, même si l'on parvenait à produire, disons, assez de céréales pour nourrir tout le monde, nous utiliserions bien sûr une partie de celles-ci pour engraisser du bétail afin de pouvoir consommer de la viande. Or la consommation de viande et ce type de production agricole émet plus de CO2 par kilo que la plupart des autres.

On peut aussi reprocher au scénario de référence de tabler sur une diminution du développement humain des nations très développées. En effet, dans le scénario de référence, chaque pays est censé afficher un niveau de développement de 0,8, considéré comme très élevé (ou en tout cas comme la limite d'un niveau de développement très élevé). Cela signifie que les 61 pays (excusez du peu !) qui ont un niveau de développement humain plus élevé vont devoir faire marche arrière. Non seulement ce n'est pas une perspective très encourageante, mais en plus, une telle diminution aurait des conséquences désastreuses sur l'espérance de vie des pays concernés.

Afin de la calculer, nous sommes parti des données fournies par le Programme de Développement des Nations Unies (UNDP) pour 2018. Pour chacun des 62 Etats repris dans la catégorie "développement humain très élevé", nous avons calculé une espérance de vie théorique à la naissance, sur base de la formule de et du Produit Intérieur Brut par habitant. Nous avons ensuite calculé une nouvelle espérance de vie sur base du PIB des Seychelles. Nous avons alors divisé la population (donnée par la Banque Mondiale pour 2019) par l'espérance de vie théorique à la naissance et l'avons multipliée par la différence entre les deux espérances de vie (avant et après). Parfois, bizarrement, le calcul concluait par une amélioration de l'espérance de vie. En effet, certains pays ayant un développement humain plus élevé que les Seychelles n'atteignent pas son PIB par habitant. C'est le cas de l'Argentine, par exemple. Mais d'une manière générale, le calcul effectué aboutit à une diminution de l'espérance de vie à la naissance et donc à un certain nombre de victimes théoriques du scénario de référence. Ce nombre de victimes atteint presque 47 millions (46,997).

Donc, les hypothèses de départ du scénario de référence font bien plus de victimes que ses conséquences. C'est même sans commune mesure.

Dès lors, ne serait-il pas possible que l'humanité entière atteigne le développement humain le plus élevé. A cet égard, le meilleur élève de la classe est la Norvège, avec un indice de 0,954, et non de 0,8. Chaque pays ne pourrait-il donc pas atteindre un niveau de 0,954 ?

Mais avant de répondre, il faut aborder une critique fondamentale du scénario de référence, ou plutôt des prévisions qui en découlent. Celles-ci se limitent à 2100, mais que va-t-il se passer en 2101 ? La température va s'arrêter de croître comme par magie

On peut espérer qu'en 2100, l'humanité serait capable de maîtriser la fusion nucléaire et de l'exploiter de manière industrielle pour produire de l'énergie.

On est très loin du compte.

L'idée est de reproduire sur terre ce qui se passe dans les étoiles, à savoir la fusion d'atomes d'hydrogène en un atome d'hélium, avec libération d'énergie. Cette réaction se produit dans le soleil à des pression et température colossales. Sur terre, on essaie depuis 1946 de faire la même chose et on n'y arrive que très péniblement. Dans les années 1950, l'Union Soviétique a développé une chambre toroïdale (en forme de chambre à air) à bobines magnétiques, répondant au doux nom de tokamak (c'est un acronyme). Cette voie de recherche a été privilégiée jusqu'à présent, même s'il en existe d'autres.

En 1988, l'URSS a lancé le projet ITER et Mikhaïl Gorbatchev a convaincu plusieurs pays d'y participer. Cet énorme projet scientifique regroupe l'Union européenne, le Royaume-Uni, l'Inde, la Russie, la Chine, la Corée du Sud, le Japon, les États-Unis et la Suisse. Un tokamak est en construction sur le site du Centre d'Etudes de Cadarache, en France, et il devrait être opérationnel en 2025. Il s'agit d'un réacteur expérimental destiné à explorer la possibilité d'industrialiser la fusion nucléaire. Jusqu'ici, Iter s'est surtout distingué par ses dépassements de budget, puisque son coût est passé de 5 à 19 milliards d'euros.

Le projet, va, en outre devoir faire face à des difficultés techniques énormes. La température au sein du réacteur devra atteindre 150 millions de degrés. C'est chaud. Il est essentiel que la flamme, c'est-à-dire le plasma formé par la matière "à fusionner", ne touche pas les parois, qui fondraient instantanément. D'où l'utilité du confinement magnétique. Le plasma est maintenu par un puissant champ magnétique. Malheureusement, la paroi n'est pas sauve pour autant, et ce, pour deux raisons. Des disruptions peuvent se produire dans le plasma, qui vont aller "éclabousser" les parois. Par ailleurs, dans le plasma, l'agitation des atomes est telle que les électrons se détachent du noyau et que des neutrons sont, par ailleurs, libérés. Ils viennent bombarder les parois du tokamak, provoquant ainsi un rapide vieillissement de celles-ci. Personne n'a envie de construire un réacteur qui coûte des milliards et ne dure que quelques heures.

En plus, pour créer l'état de plasma et confiner ce dernier, on a besoin d'énormément d'énergie. Pendant tout un temps, l'énergie à fournir à la fusion était inférieure à l'énergie dégagée par celle-ci. Les scientifiques parviennent maintenant à obtenir un bilan énergétique légèrement positif.

ITER vise à fusionner deux isotopes de l'hydrogène, le deutérium et le tritium. Les noyaux de deutérium (1 proton et 1 neutron) et le tritium (1 proton et 2 neutrons) fusionnent pour donner un noyau d'hélium 4 (2 protons et deux neutrons, appelés aussi particule alpha) et un neutron à haute énergie est libéré. Ce type de fusion diffère de ce qui se produit dans le soleil, où via plusieurs étapes et des mécanismes de radioactivité bêta, 4 noyaux d'hydrogène (autrement dit quatre protons) fusionnent pour donner une particule alpha (donc un noyau d'hélium).

Pour faire de la fusion sur terre, il faut donc du deutérium et du tritium. Le deutérium se trouve facilement dans l'eau, notamment l'eau de mer. En revanche, le tritium n'existe pratiquement pas à l'état naturel. Il s'agit d'un isotope radioactif avec une demi-vie relativement courte (12,3 ans). Ceci explique cela. Bref, il faudra produire du tritium, l'injecter dans le tore du réacteur (on ne sait pas trop bien comment) et l'y confiner.

Voici quelques-uns des obstacles que les physiciens devront surmonter afin de rencontrer les objectifs de ce réacteur expérimental. Une fois ces objectifs atteints, il faudra construire un réacteur industriel. Une fois que celui-ci fonctionnera, il faudra construire beaucoup de réacteurs industriels. Or, la construction du réacteur expérimental a été décidée en 2006 et doit se terminer en 2025. Dans l'hypothèse où, à défaut du budget, les délais seraient respectés, il aura fallu 19 ans pour construire ITER.

Sur ces bases, on peut formuler certaines hypothèses: 20 ans (donc jusqu'en 2045) pour surmonter les obstacles scientifiques et techniques, 15 ans d'expérimentation pour atteindre les objectifs d'ITER, 20 ans pour construire et maîtriser un réacteur industriel, 20 ans pour répandre cette technologie dans le monde. On arriverait donc en 2100.

Rappelons que, selon le scénario de référence, le recours à de l'énergie fossile va poser des problèmes bien avant, puisque pétrole et gaz s'épuiseraient au cours des années 2070. Rappelons aussi que, même si les émissions de CO_2 anthropique cessaient brutalement en 2100, la température ne chuterait pas immédiatement. Il faudrait attendre que les phénomènes cycliques naturels fassent baisser la concentration en dioxyde de carbone.

Un délai de 20 ans pour répandre la technologie de la fusion dans le monde peut paraître relativement court, mais c'est le temps qu'il a fallu, par exemple, à la France pour se doter d'un parc de centrales nucléaires lui assurant 75% de son approvisionnement électrique. Bien entendu, il s'agissait d'une stratégie nationale et non mondiale, et il s'agissait du seul approvisionnement électrique, pas de l'approvisionnement global en énergie.

Dans le scénario de référence, on considérera 2100 comme une année butoir où, d'un coup, on passe toutes les sources d'énergie sont remplacées par de la fusion. On sait que ce n'est pas comme cela que les choses vont se passer, pour de plusieurs raisons:

- Les moyens de "production" d'énergie renouvelable resteront probablement en place après 2100 (hydraulique, éolien, solaire,...).
- Des centrales à fusion nucléaire entreront peut-être en fonction avant 2100.
- La diffusion de la technologie de la fusion prendra peut-être plus que les 20 ans prévus.
- La maîtrise de la fusion prendra peut-être plus de temps que prévu.

Restons néanmoins sur cette hypothèse et revenons à notre question sur l'Indice de Développement Humain: ne pourrait-on imaginer que tout le monde atteigne l'IDH de la Norvège, soit le meilleur du monde (en 2018).

Si nous répondons par l'affirmative, cela signifie qu'il faudra consommer davantage d'énergie, dont davantage de ressource fossiles. Cela signifie donc très probablement que les stocks mondiaux de gaz et de pétrole seront à sec plus tôt que dans le scénario de référence, et qu'il faudra consommer davantage de charbon pour pallier l'absence de gaz et de pétrole. En conséquence, deux phénomènes viendraient majorer les émissions de CO_2: l'utilisation de davantage d'énergie et le recours accru au charbon. Dans la variante "norvégienne" du scénario de référence, la différence, en termes de sources d'énergie, se marquerait uniquement par le charbon.

Voyons cela.

On sait que le seul pays du monde qui affiche le niveau de développement humain de la Norvège, c'est la Norvège (en 2018). Tous les autres sont en-dessous.

Que se passerait-il si chaque pays voulait atteindre un niveau de développement humain de 0,954 ?

Revenons à l'article du Dr Julia Steinberger ("Energising Human Development" Dr Julia K Steinberger, UNDP, Development Reports 14/4/2016). Si nous appliquons sa formule à la Norvège, ou encore à un indice de développement humain de 0,954 , le résultat est 148,72 gigajoules d'énergie primaire par personne et par an. Il s'agit donc de l'énergie nécessaire à un indice de développement humain de 0,954. Ce nombre élevé s'explique par l'allure logarithmique de la courbe.

Rappelons que, pour un Indice de Développement Humain de 0,8, le besoin en énergie primaire est de 99,87 gigajoules par personne et par an. La variante norvégienne fait donc augmenter le besoin en énergie de 48,9%.

Le scénario de référence tablait sur un indice de développement uniforme de 0,8 , sur une population mondiale de 9,7 milliards en 2050 (qui se stabiliserait à ce moment-là) et sur une amélioration de l'efficacité énergétique de 40% d'ici à 2050. Il aboutissait à une utilisation mondiale de 13,89 gigatep par an.

Si l'on suppose cette utilisation proportionnelle au besoin en énergie, l'utilisation mondiale de la variante norvégienne se monte à 20,68 gigatep par an.

Il s'agit là d'une projection pour 2050. De 2018 à 2050, l'utilisation monterait graduellement de 13,89 à 20,68 gigatep, avec, donc, une moyenne de 17,29 gigatep par an jusqu'en 2050.

Donc, de 2018 à 2100, 1.587,28 gigatep au total (18,63 gigatep par an en moyenne).

En 2018, les énergies fossiles représentaient 84,7% du total des énergies. Dans le scénario de référence, nous avons estimé que ce pourcentage diminuerait de 0,4% par an au profit du renouvelable. Ce serait également le cas dans la variante norvégienne. Les énergies fossiles ne représenteront donc plus que 51,9% de l'utilisation totale des énergies et 68,3 % en moyenne. Dans la variante norvégienne, on utiliserait donc 12,72 gigatep d'énergie fossile par an en moyenne, ou encore 1.084,11 gigatep au total.

Face à ce besoin de 1.084,11 gigatep, nous avons les ressources suivantes:

- 219,91 gigatep de pétrole
- 177,2 gigatep de gaz
- 738,5 gigatep de charbon
Soit un total de 1.135,61 gigatep.

Ouf ! Tout juste ! Dans la variante norvégienne, il va donc falloir aller racler bien loin dans les dernières mines de charbon pour faire face au besoin en énergie. Bien entendu, cela ne se fera pas sans tensions, pénuries et conflits.

Mais quelles seraient les conséquences en termes de CO_2?

En 2100, nous aurons consommé 236,46 GTEP (gigatep) de pétrole et donc émis 726 GT (gigatonnes) de CO_2 (rien ne change par rapport au scénario de référence, ce qui est logique, puisque, dans un cas comme dans l'autre, on consomme tout le pétrole). En 2100, nous aurons consommé 177,2 GTEP de gaz naturel et émis 445 GT CO_2. Là non plus, rien ne change par rapport au scénario de référence. En revanche, nous aurons consommé plus de charbon. La combustion d'une TEP de charbon génère $41,87 \times 29 \times 3,67 / 1.000 = 4,46$ TCO_2. Nous en aurons consommé 687 gigatep, émettant 3.064 GT de CO_2. Au total, nous aurons donc émis 4.235 GT de CO_2, au lieu de 2.926 GT dans le scénario de référence, soit une augmentation de 44,73 %.

Ces émissions vont toutefois être légèrement absorbées par les dynamiques planétaires d'élimination du CO_2, dont l'incidence est détaillée dans le scénario de référence. Par simple application d'une règle proportionnelle, le surplus de CO_2 présent dans l'atmosphère en 2100 (par rapport en 2018) aura augmenté de 3.018 GT, ce qui représente 0,0569%, ou encore 569 ppm (part par million).

A ces 569 ppm, il faut ajouter ce que l'atmosphère contenait déjà comme CO_2 à fin 2018, soit 409 ppm. Donc, en 2100, selon la variante norvégienne, il y aura 978 ppm de CO_2 dans l'atmosphère, ce qui représente une augmentation de 2,07° (C ou K) par rapport à l'ère préindustrielle. La vapeur d'eau va venir doubler l'effet du forçage radiatif dû au CO_2. Le réchauffement atteindrait donc 4,14°, auxquels ils faut ajouter 28% dus à la fonte du permafrost libérant du méthane, soit un total de 5,30°.

Le permafrost n'est pas le seul à emprisonner du méthane. Des molécules de clathrate de méthane en contiennent des quantités impressionnantes dans les fonds océaniques. Ces molécules de clathrate de méthane (ou hydrate de méthane) sont stables sous certaines conditions de pression et de température. On y trouve d'énormes quantités à la marge des plateaux et sur les talus continentaux. Ce sont également ces molécules qui emprisonnent le méthane dans les pergélisols. Une quantité de méthane supérieure aux réserves terrestres est contenue dans les fonds océaniques (l'équivalent d'entre 500 et 2.500 GT de carbone). Jusqu'ici, il n'a pas été possible de l'exploiter. Jusqu'ici, les scientifiques ne semblent pas trouver de preuves convaincantes d'un rôle possible du méthane océanique dans un possible réchauffement (cf. notamment Gas Hydrate Breakdown Unlikely to Cause Massive Greenhouse Gas Release, USGS Gas Hydrates Project, 2017). Bien sûr, cela reste un point d'attention, à la fois en termes de changement climatique et en terme de modification de la chimie des océans, mais les quantités de méthane qui pourraient être libérées dans l'atmosphère seront très inférieures (moins de 1%) aux quantités relachées lors du maximum thermique Paléocène-Éocène (PETM).

Donc, 5,3° de plus (que le niveau préindustriel), ce qui signifie un assèchement et une désertification plus importante encore du bassin méditerranéen, du Brésil, et de l'Australie. 1,3° en plus que les 4° du scénario de référence, cela peut sembler négligeable, mais cela correspond environ à la différence entre l'ère préindustrielle et 2018.

Dans cette perspective, on peut formuler l'hypothèse que les rendements agricoles de l'Espagne, de la France, de l'Italie, de la Grèce et du Brésil diminueraient non plus à 2.539 kg/ha, mais à 1.496 kg/ha, soit les rendements de l'Afrique subsaharienne. Les rendements agricoles de l'Afrique du Nord, du Moyen-Orient et de l'Australie seraient également, comme dans le scénario de référence, alignés sur ceux de l'Afrique subsaharienne.

Dans cette variante, l'Espagne passerait de 2.769 à 1.496 kg/ha, la France passerait de 6.875 à 1.496 kg/ha, l'Italie de 5.171 à 1.496 kg/ha, la Grèce de 3.764 à 1.496 kg/ha et le Brésil de 5.209 à 1.496 kg/ha.

Supposons à nouveau que la valeur ajoutée par l'agriculture de ces pays diminue dans la même proportion et répercutons cette diminution sur le PIB (produit intérieur brut des pays concernés).

Toujours selon les chiffres de la Banque mondiale (valeur ajoutée par l'agriculture), l'Espagne (2019) passerait de 36.962 millions de dollars US (MUSD) à 19.969 MUSD (diminution de 16.992 MUSD), la France (2019) passerait de 43.371 MUSD à 9.438 MUSD (diminution de 33.933 MUSD), l'Italie (2019) passerait de 38.711 MUSD à 11.199 MUSD (diminution de 27.512 MUSD), la Grèce (2019) passerait de 7.670 MUSD à 3.048 MUSD (diminution de 4.621 MUSD) et le Brésil (2019) passerait de 81.622 MUSD à 23.441 MUSD (diminution de 58.181 MUSD).

Dès lors, selon les hypothèses retenues dans cette variante, la France subira une diminution de 33.933 MUSD (millions de dollars US) de son PIB pour 67,060 millions d'habitants, soit une diminution de 506,01 dollars du PIB par habitant. Le PIB par habitant de la France en 2019 était de 40.494 USD (dollars US, en dollars courants). Le PIB "nouveau" par habitant retomberait donc à 39.988 USD. L'application de la formule de Preston (2012) à ces deux valeurs donne 80,20 ans contre 80,27 ans.

Donc, pour la France, si l'on retient 80,20 ans contre 80,27 ans comme espérance de vie à la naissance et si l'on suppose que le changement climatique affectera uniformément toutes les tranches d'âge le changement climatique fera 58.480 morts.

D'une façon similaire, la variante norvégienne aboutit aux réductions suivantes de l'espérance de vie (sur base de l'application de la formule de Preston au PIB avant et après diminution):

- Espagne: 78,30 ans contre 78,36 ans, soit 35.047 morts
- Italie: 78,99 ans contre 79,07 ans, soit 60.236 morts
- Grèce: 75,75 ans contre 75,88 ans, soit 18.354 morts
- Brésil: 70,79 ans contre 70,99 ans, soit 594.591 morts

Soit un surplus de 232.656 victimes par rapport au scénario de référence. A cela, il faut ajouter les victimes de catastrophes naturelles.

Mais avec une augmentation de température de 5,3°C, certaines zones ne vont-elles pas devenir inhabitables ? L'être humain ne peut pas survivre à des températures de plus de 35°C si l'humidité est de 100%. Grâce à son système thermorégulateur, il peut survivre à des températures plus élevées à condition que l'humidité diminue. Or, avec une augmentation de température de 5,3°C, mais déjà avec une augmentation de température de 4°C, il est possible que le double seuil de température et d'humidité soit dépassé plusieurs fois par an. Une étude de chercheurs du MIT a ainsi attiré l'attention sur le Nord de la Chine, où l'irrigation des terres sature l'air d'humidité (North China Plain threatened by deadly heatwaves due to climate change and irrigationSuchul Kang& Elfatih A.B. Eltahir, Nature Communications 2018 DOI: 10.1038/s41467-018-05252-y). Des études antérieures du MIT s'étaient déjà penchées sur le Golfe Persique, qui pourrait connaître un sort similaire, mais pour d'autres régions, et sur le Sud-Est asiatique, et en particulier le Bengladesh.

Afin d'explorer les conséquences de ces événements extrêmes, commençons par la Chine, avec un raisonnement du même type que ceux repris plus haut. Supposons que la production agricole de la Chine soit réduite à néant en raison de l'impossibilité d'habiter dans ses plaines les plus fertiles.

Le PIB de la Chine baisserait alors de 1.020.015 millions de dollars US, donc plus de mille milliards de dollars. Il passerait ainsi de 14 342 903 MUSD (millions de dollars US) à 13.322.888 MUSD. L'espérance de vie passerait, elle de 71,97 ans à 71,52 ans (par application de la formule de Preston), ce qui correspond à 8.739.360 victimes.

Un anéantissement de la production agricole du Bangladesh aurait également des conséquences sensibles. Si l'on applique le même raisonnement, c'est 38.367 MUSD de PIB qui disparaîtraient, faisant passer celui-ci de 302.571 MUSD à 264.204 MUSD. L'espérance de vie passerait ainsi de 61,64 ans à 60,81 ans, ce qui correspond à 2.195.460 victimes.

Mais en fait, ces nombres de victimes sont calculés sur base du PIB 2019, alors que dans cette variante du scénario, tous les pays sont supposés atteindre le niveau de développement humain de la Norvège, ce qui correspondrait, selon la formule de Preston à une espérance de vie de 83,41 ans (dans la réalité, c'est un peu moins avec 82,3). Pour la Chine et le Bangladesh, cela correspondrait à un allongement de l'espérance de vie théorique (Preston). Même en tenant compte de l'impact climatique désastreux sur l'agriculture, l'espérance de vie passerait de 71,97 ans à 83,35 ans, épargnant la vie de 221 millions de personnes (221.008.708). Pour le Bangladesh, l'espérance de vie passerait de 61,64 ans à 83,39 ans, épargnant la vie de 57,5 millions de personnes (57.531.643).

Une fois de plus, en termes d'espérance de vie, les avantages de la croissance dépassent très largement ses inconvénients.

Mais la vision proposée ici soulève quand-même certains paradoxes. Ainsi, il est clair que le Bangladesh ne pourra pas atteindre l'IDH (Indice de Développement Humain) de la Norvège s'il devient totalement inhabitable. Non seulement son PIB risque d'être réduit à néant, mais en plus, les phénomènes climatiques extrêmes vont provoquer d'immenses mouvements de population, qui eux-mêmes vont faire des victimes, et qui vont également provoquer des conflits.

Pour la Chine, en revanche, on peut très bien imaginer un développement humain très élevé et la disparition de l'agriculture nationale. La Chine devrait alors se tourner vers l'étranger pour trouver d'autres sources d'approvisionnement en nourriture. C'est d'ailleurs ce qu'elle fait déjà aujourd'hui.

D'une manière générale, la compétition pour les ressources alimentaires pourrait également engendrer des conflits. La seconde guerre mondiale a fait entre 60 et 80 millions de victimes. Même avec une nouvelle seconde guerre mondiale et un anéantissement climatique de l'agriculture en Chine, la croissance dans ce pays ferait largement plus que compenser les victimes de toutes ces catastrophes. Mais là aussi, on relève un paradoxe, puisqu'une guerre correspond en général à une période de décroissance.

Par ailleurs, rien ne dit qu'il y aura assez à manger pour tout le monde en 2050. Selon la FAO, la production agricole devrait augmenter de 70% pour que cet objectif soit atteint.

Dans la variante norvégienne comme dans le scénario de référence, en termes d'espérance de vie, les effets bénéfiques de la croissance l'emportent sur les effets néfastes des changements climatiques.

Ceci explique en grande partie les politiques des différents Etats à l'égard de la question climatique:

- Les pays à bas ou à moyen revenus poussent en faveur de la croissance, car, en principe, ses effets bénéfiques vont dépasser les inconvénients climatiques.

- Les pays européens sont les plus concernés par la question climatique et poussent pour que les normes deviennent plus contraignantes. C'est logique, puisque certains d'entre eux (notamment sur le pourtour méditerranéen) vont souffrir directement du réchauffement climatique et ont déjà atteint un très haut niveau de développement humain. Ils n'attendent donc plus grand-chose de la croissance. C'est notamment le cas d'une bonne part de leurs opinions publiques. Or il s'agit de régimes dits démocratiques. De plus, les pays européens sont parmi ceux qui subiront le plus de conséquences indirectes du réchauffement, avec notamment un probable afflux de réfugiés.

- La Chine est attentive aux questions climatiques, tout en poursuivant sa politique de croissance. Elle est surtout attentive à tout ce qui touche à son approvisionnement et multiplie ses sources d'importation de nourriture.

- Les Etats-Unis sont dans l'ensemble peu concernés par la question, mais certains Etats, comme la Californie, y sont plus sensibles.

Un ours blanc décharné flottant sur un iceberg trop petit, telle est, pour beaucoup, l'image du changement climatique. Et il est vrai que c'est en Arctique que le réchauffement se fait le plus sentir, transformant implacablement les prédateurs polaires en descentes de lit. C'est également le cas de bien d'autres espèces, touchées par le réchauffement. Certes, un animal peut se déplacer, mais sa survie dépend de son biotope.

Encore une fois, les extinctions d'espèces sont habituelles et naturelles, mais elles se déroulent actuellement à un rythme inédit. Les vertébrés disparaissent à un rythme oscillant entre 160% et 2.000% des espèces par million d'années.

Et alors ? On fabriquera un peu plus de manteaux de fourrure, c'est tout !

Oui, mais on perdra aussi tout ou une partie des services offerts par la biodiversité. On distingue habituellement quatre type de services écosystémiques:

- Les services d'approvisionnement: denrées alimentaires, eau, bois,... mais aussi des médicaments.
- Les services de régulation: climat, inondations,...
- Les services culturels: oh, comme c'est beau, la nature !
- Les services d'assistance: pollinisation,... mais aussi les grands cycles biogéochimiques comme celui de l'eau ou celui du carbone.

Il est clair que si, dans l'avenir, on n'a plus d'eau potable à cause d'une crise de biodiversité, c'est ennuyeux. On peut toujours se dire que l'innovation va permettre de compenser les pertes de biodiversité, mais encore faut-il que ce soit le cas.

Mais c'est au niveau des ressources que la perte de biodiversité risque de se faire le plus sentir, et notamment au niveau des ressources marines.

Il est fortement vraisemblable que les récifs coralliens vont à peu près disparaître. C'est ce qui s'est produit par le passé dans des circonstances similaires.

En outre, la pollution et la surpêche appauvrissent rapidement les océans. Or les populations côtières se nourrissent en bonne partie de pêche, 74kg par an contre une moyenne de 19kg dans le monde. Certaines populations, notamment en Afrique de l'ouest ou en Asie du sud-est, ont développé un fort lien de dépendance à l'océan et on ne peut, dans ce cas, imaginer que l'on va remplacer facilement la pêche par des importations. Ces populations courent donc un risque important.

Pendant ce temps, des millions d'urbains se disent soucieux du climat mais ne le sont guère de l'environnement. Ils dégustent des sushis, encourageant la surpêche, et achètent des smartphones issus d'industries polluantes.

Ajoutons qu'avec les sécheresses à prévoir, la désalinisation de l'eau de mer sera plus qu'utile, encore faudrait-il qu'elle ne soit plus polluée.

Bref, la surexploitation des milieux naturels soulève des défis aussi importants que le climat.

Il existe un moyen de produire beaucoup d'énergie en émettant très peu de carbone : le nucléaire.

Le principe en est simple : on extrait du minerai d'uranium. On l'enrichit. On le place dans un réacteur nucléaire où les atomes d'uranium vont subir des fissions. La fission libère beaucoup d'énergie et réchauffe l'eau dans laquelle baigne l'uranium. Cette chaleur est ensuite transférée à un circuit secondaire, qui fait tourner des turbines et des alternateurs, le tour est joué.

Pourtant, la part du nucléaire dans la "production" mondiale d'énergie se limite à quelques pour cents. Bien sûr, les pays qui maîtrisent l'atome ne souhaitent pas que cette technologie tombe entre toutes les mains, mais les plus gros émetteurs de CO_2 ont la capacité de construire des centrales. Beaucoup d'entre eux en ont. Pourtant, le recours à cette technologie reste limité, sauf en France, et, surtout, très décrié. Depuis plus de cinquante ans, les anti-nucléaires occupent le devant de la scène. Bien sûr, cela n'empêche pas les régimes autoritaires de continuer à construire des centrales nucléaires, mais plusieurs pays démocratiques ont tourné le dos à l'énergie atomique.

Pourquoi cet ostracisme ? Dans les années 1950 et 1960, on s'imaginait que le nucléaire allait tout rendre possible. Maintenant, il provoque surtout crainte et rejet.

Mais qui veut la peau du nucléaire ?

Stanislas-André Steeman, spécialiste du roman policier, rêvait d'en écrire un où la victime serait également le coupable. Il aurait pu s'inspirer de l'industrie nucléaire. L'industrie nucléaire, c'est des ingénieurs et des financiers. Pour les premiers, dès qu'une machine fonctionne, il faut la faire tourner. Les ingénieurs vivent en théorie, et en théorie, tout se passe bien. Pour les seconds, dès qu'une machine rapporte, il faut la faire tourner. Peu importent les risques.

Alors que l'on produit de l'énergie nucléaire depuis plus de 70 ans, on ne sait toujours pas précisément ce que l'on va faire des déchets de haute intensité à longue durée de vie. C'est un peu comme si les ingénieurs avaient inventé la chaîne de vélo, les pédales le cadre et le guidon, s'étaient lancés sur la route mais avait reporté la question du freinage à plus tard. Au début, ils ont balancé les déchets nucléaires en mer, mais cela a quand même fini par faire désordre et cela a été interdit par la convention internationale à partir de 1983 (1983 est l'année du moratoire, l'interdiction viendra en 1993). De nos jours tout le monde a l'air d'accord pour dire qu'il faut enterrer ces déchets mais, dans certains pays, on ne sait pas très bien comment et personne ne les veut tout près de chez soi.

Par ailleurs, depuis 1973, les expérimentations sont en cours pour construire des réacteurs à neutrons rapides, dit de la 4e génération. Seule la Russie est parvenue à maîtriser cette technologie. Son réacteur expérimental BN-600, construit en 1980, fonctionne toujours, et un réacteur industriel BN-800 produit de l'électricité pour le réseau russe depuis 2015. En France, en revanche, deux réacteurs expérimentaux, Phénix et Superphénix, ont dû être arrêtés après une longue suite de péripéties, dont plusieurs incidents. Quant à leur successeur, un réacteur nommé Astrid, la France y a renoncé et le projet a été repoussé sine die (ou plus exactement à la seconde moitié du XXIe siècle).

Bon, puisque ça ne marche pas très fort du coté des réacteurs de la 4e génération, voyons comment les choses fonctionnent du coté de la 3e génération. Eh bien, ça ne va pas beaucoup mieux. Mais que sont les générations de réacteurs ? La première génération, celle des réacteurs uranium naturel graphite gaz, les plus anciens. Le rôle de modérateur y est joué par du graphite et celui de fluide caloporteur par du gaz (du CO_2 en général). Les centrales de ce type sont en cours de démantèlement. La deuxième génération regroupe les réacteurs à eau pressurisée: le modérateur est également le fluide caloporteur, à savoir de l'eau pressurisée. La plupart des centrales toujours en fonctionnement en 2020 adoptaient ce modèle. La troisième génération de réacteurs utilise également de l'eau pressurisée, mais vise un niveau de sécurité plus élevé que celui de la génération précédente. Et la quatrième génération est celle des réacteurs à neutrons rapides.

Revenons à la 3e génération. En 2015, 18 générateurs de ce type étaient en construction. Sur ces 18, 16 accusaient des retards importants, allant de 1 à 4 ans. Les grands acteurs du nucléaire se sont imaginés qu'ils pouvaient non seulement construire un nouveau type de réacteur, mais encore prendre en main l'ensemble du chantier, en ce compris toute son infrastructure. Ils se sont imaginés qu'ils pouvaient fournir des centrales clé sur porte. Hallucinante fatuité des ingénieurs, et ce à peu près partout dans le monde. Au niveau financier, précisément, les pertes se chiffrent à des milliards de dollars pour nos apprentis-sorciers. En France, l'EPR de Flamanville, qui devait être mis en service en 2012, ne l'était toujours pas fin 2020. En France toujours, l'Etat a dû sauver in extremis de la faillite l'acteur majeur du secteur, en y réinjectant 5 milliards d'euros. À ce rythme-là, on pourrait aussi faire de l'électricité en brûlant directement des billets de banque ; ce serait plus simple. En France toujours, certaines pièces défectueuses seraient sorties d'usine grâce à des dossiers falsifiés. Si cela se confirme, cela mérite au moins la carte rouge.

Last but not least, l'histoire du nucléaire civil a été émaillée de deux incidents majeurs : Tchernobyl et Fukushima, chaque fois dus à des erreurs humaines, ici dans la conception et là dans l'opérationnel. Le tout suivi d'une communication obscure et désastreuse, mêlée au spectacle d'une incroyable improvisation des autorités.

Au rythme où elle se tire des balles dans le pied, l'industrie nucléaire ferait mieux de fabriquer des déambulateurs.

Mais elle n'est pas la seule en cause.

Les lobbies pétroliers et gaziers, très présents à Washington et à Bruxelles, ne font pas de cadeau au nucléaire et ne se privent pas de tirer sur l'ambulance.

La sortie ou l'interdiction du nucléaire a été décidée en Autriche (1978), en Italie (1987), en Belgique (1999), en Suisse (2011), au Quebec (2013), en Grèce, en Australie, au Danemark, en Irlande, en Norvège, et enfin en Allemagne en 2000. En Allemagne, c'est le gouvernement Schröder qui a décidé de cette sortie. Après sa défaite électorale de 2005, le Chancelier Schröder n'a pas eu trop de soucis de reconversion, puisqu'il a été appelé à des fonctions importantes dans une filiale de Gazprom, une des plus grandes sociétés au monde active dans le secteur des énergies fossiles. En 2017, fort de ses grandes compétences dans le domaine de l'énergie, il est devenu administrateur indépendant de Rosneft, une grande entreprise active dans l'extraction de pétrole et de gaz.

Face aux géants du pétrole et du gaz, les lobbies du nucléaire font sourire. Les cris de victoire des organisations écologistes lors d'une sortie du nucléaire prêtent carrément à rire.

Ceci dit, celles-ci jouent un rôle dans le façonnage de l'opinion et concourent à ce titre au naufrage du nucléaire civil. C'est évidemment moins le cas dans les pays où l'opinion publique a moins d'importance.

Enfin, les décisions politiques en la matière manquent parfois de clarté et de cohérence.

Bref, l'histoire du nucléaire civil ressemble à ce roman d'Agatha Christie où tout le monde est coupable.

Et pourtant, la fission de l'atome ne pourrait-elle pas contribuer à réduire fortement les émissions de CO_2? Dans une étude de 2015, l'Agence Internationale de l'Energie Atomique (tthps://www.uncclearn.org/wp-content/uploads/library/ccnpf_web.pdf) estime la production de CO_2 par l'industrie nucléaire à 14,9 gCO_2 /kWh. C'est juste un peu sous l'éolien et sous le solaire. Evidemment, on n'est jamais si bien servi que par soi-même, mais cette estimation est cohérente. Rappelons que dans le scénario de référence, on a négligé le CO_2 émis par le nucléaire et les énergies renouvelables. La fission de l'atome en elle-même ne produit pas de CO_2 du tout. Le CO_2 du cycle nucléaire est produit par les engins d'excavation qui extraient l'uranium, le transport de celui-ci, la fabrication du béton pour les centrales,etc.

Mais si on veut un jour utiliser le nucléaire pour diminuer significativement les émissions de CO_2, il faudra un changement de paradigme. L'ensemble des acteurs devront reconnaître que le problème du nucléaire n'est pas la sécurité mais la rentabilité et le financement.

Combien coûte la production d'un MWh (mégawatt x heure) d'énergie nucléaire (sachant qu'on ne produit jamais vraiment d'énergie, mais c'est une manière commode de parler) ?

Il faut tout d'abord de l'uranium. Sur son site internet, M. Jean-Marc Jancovici (Notamment Président et fondateur de The Shift Project, expert internationalement reconnu en matière d'énergie et de climat) a publié une étude sur le cout de l'énergie en général (https://jancovici.com/transition-energetique/electricite/quel-est-le-vrai-cout-de-lelectricite/). Le coût de l'uranium varie entre 3 et 10 euros par MWh, disons 6,5 EUR en moyenne. Sans entrer dans les détails, il faut souligner que les centrales de la 4e génération permettent ou permettront d'utiliser la quasi intégralité de l'uranium (et pas seulement l'uranium 235) voire du thorium, ce qui aura, bien sûr, une incidence sur le coût, mais également sur la ressource, qui sera prélevée à un rythme bien moindre. Avec les centrales de la quatrième génération, il y a assez de ressources pour générer assez d'énergie pour l'humanité jusqu'en 2100, selon les besoins repris dans le scénario de référence.

La question du combustible étant réglée, il faut une centrale nucléaire, mais quelle centrale nucléaire ? Si l'on construit une centrale aujourd'hui, on va à tout le moins la doter d'un EPR, un réacteur européen à eau pressurisée, ou d'un AP1000, son concurrent américain. Il s'agira d'une centrale de la 3e génération. Les centrales de ce type présentent un excellent niveau de sécurité. Quel est le coût d'une telle centrale ? Évidemment. Si l'on se base sur la centrale de Flamanville, dont le budget est passé de 3 milliards d'euros à 19 milliards d'euros, on trouve 11.515 euros d'investissement par kilowatt. Mais si l'on fait le calcul pour la centrale de Vogtle, aux États-Unis, où deux AP1000 tournent depuis 1989 pour une puissance installée de 2234 mW, on trouve 11.191 dollars d'investissement par kilowatt, ou encore environ 9.266€/kW. Cet investissement est prévu pour 40 ans, c'est-à-dire 350.640 heures. Mais une centrale, quelle qu'elle soit, ne tourne pas 24h/24. Il existe ce qu'on appelle un facteur de charge, qui pour le nucléaire est de 80% environ. Donc il nous reste 280.512 heures. Rapporté au mégawatt/heure, le coût imputable à l'infrastructure se monte à 33,03 €/MWh, cinq fois le coût de la matière première, donc.

Mais ce n'est pas tout quant à l'investissement, car dans une logique d'économie de marché, celui-ci doit rapporter. Supposons que l'investisseur souhaite une rentabilité de 8%, ce qui est un minimum au vu des pratiques des sociétés cotées en bourse. Le taux de 8% est également un de ceux retenus par l'ADEME (cf. Infra) dans ses estimations, ce qui facilite les comparaisons entre différentes sources d'énergie. Comme il s'agit d'un coût de production, on se place du point de vue de l'investisseur et on actualise les revenus générés par l'investissement, ce qui engendre un coût plus élevé. C'est d'ailleurs ainsi que sont calculés les coûts de production de l'ensemble des filières. Ici, pour le nucléaire, le coût supplémentaire serait de 77,76€/MWh, sur base d'une rentabilité exigée de 8%. Il est possible d'abaisser ce coût en période de taux d'intérêt bas, car si l'investisseur emprunte une partie des fonds à moins de 8%, il améliorera la rentabilité de ses fonds propres et pourra donc se permettre d'être moins exigeant.

Pour en terminer avec l'investissement, il y a le coût du démantèlement, qui est de l'ordre de 15% de l'investissement initial, mais n'est pas supporté avant 40 ans, donc les 4,95 €/MWh ne seront payés qu'à la fin. Un simple calcul d'actualisation, également basé sur un taux de 10%, donne 0,11€/MWh. Ceci dit, il est un peu vache de tenir compte du démantèlement dans le coût de l'électricité nucléaire : après tout, on ne tient pas compte du démantèlement des raffineries dans le coût de l'électricité d'origine pétrolière.

Forcément, une centrale génère aussi des coûts d'exploitation, dans le cas du nucléaire, il s'agit de 26,51€/MWh (sources EDF et cour des comptes France).

Versons maintenant une larme pour les grands oubliés de beaucoup de calculs de ce type : les déchets radioactifs. La radioactivité est un phénomène par lequel un atome va spontanément se transformer en un autre atome. Il existe trois types de radioactivité, selon le rayon ionisant émis lors du phénomène : alpha, bêta et gamma. La radioactivité alpha se caractérise par l'émission de particules alpha, c'est-à-dire de noyaux d'hélium 4 (2protons,2neutrons). La radioactivité bêta se caractérise par l'émission d'électrons ou de positrons. La radioactivité gamma se caractérise par l'émission de photons de très haute énergie. Ces émissions peuvent être très facilement arrêtées: une feuille de papier suffit pour arrêter les particules alpha, quelques mètres d'air suffisent pour arrêter le rayonnement bêta, quelques centimètres de plomb ou quelques mètres d'eau suffisent pour le rayonnement gamma.

Donc, la peur d'être irradié involontairement, fréquente dans le public, est totalement irrationnelle. C'est pratiquement impossible, sauf si on va mettre son doigt dedans comme Nikola Tesla ou son nez dessus comme les liquidateurs de Tchernobyl, ou encore si on reçoit une bombe atomique sur la figure.

En revanche, le risque de contamination mérite une attention toute particulière. La contamination se produit lorsque qu'une substance radioactive nocive est avalée ou respirée par un être vivant, ou mise en contact direct avec celui-ci.

On distingue les déchets selon deux critères : leur niveau d'activité et leur période radioactive. Le niveau d'activité va de très faible (moins de cent désintégrations par gramme et par seconde ou encore moins de cent becquerels par gramme) jusqu'à haute (plusieurs milliards de becquerels par gramme). Quant à la période radioactive, elle est le temps au bout duquel la moitié de la quantité d'un même radionucléide aura naturellement disparu par désintégration. Elle permet de distinguer les déchets à vie très courte (période inférieure à 100 jours), à vie longue (période supérieure à 31 ans) et à vie courte (entre les deux).

L'industrie nucléaire produit des déchets de haute activité, dont certains à période plurimillénaire, des déchets de moyenne activité à vie longue, des déchets de faible et moyenne activité à vie courte et des déchets de très faible activité. Les déchets de très faible activité sont stockés dans des installations industrielles dédiées. Les déchets de faible et moyenne activité à vie courte sont stockés en surface dans des centres de stockage, et ce pendant 300 ans, le temps que leur radioactivité décroisse suffisamment. Les déchets de haute activité et de moyenne activité à vie longue ont un parcours un peu plus compliqué. Dans certains pays, comme la France, les déchets à haute activité sont retraités pour qu'ils puissent être réutilisés pour produire de l'électricité. Après cette seconde utilisation, ils rejoignent le parcours, le reste des déchets de haute activité ainsi que ceux de moyenne activité à vie longue. Ce parcours se terminera par un stockage géologique profond pour une période de plusieurs centaines de milliers d'années, mais avant cela, ces déchets doivent être refroidis, surtout les déchets de haute activité, qui passent 2 ans en piscine et de 60 à 80 ans en surface.

Mais que coûte la gestion de ces déchets ? La Cour des Comptes (France - Les coûts de la filière électronucléaire - 2012) a rédigé un rapport très complet. En synthèse, on peut estimer que les charges brutes pour gestion de déchets radioactifs se montent à 28,3 milliards d'euros dans le cadre du projet français d'enfouissement, appelé Cigeo. Or, un tel centre peut contenir jusqu'à 50 ans de déchets au rythme actuel, voire davantage en cas de retraitement total. En 2010, la France a produit 428,5 TWh (térawatt/heure) d'électricité (énergie primaire). Sur cette base, la gestion des déchets coûte environ 1,32 €/MWh.

La Cour des Comptes souligne que l'Etat prend en charge le coût d'un accident nucléaire éventuel. Elle relève que la constitution d'un fonds pour couvrir ce risque coûterait 1,41€/MWh.

En tout, le MWh nucléaire revient à 6,5+33,03+77,76+0,11+26,51+1,32+1,41=146,64€/MWh. C'est le coût sur base d'une centrale de 3e génération, qui présente un excellent niveau de sécurité, et sans tenir compte de dérapages éventuels dans la gestion de projets. La rentabilité demandée de l'investissement initial constitue 53% de ce coût.

Le capitalisme aura-t-il la peau du nucléaire, camarades ? C'est difficile à dire, mais en tout cas, moyennant les investissements nécessaires, les questions de sécurité qu'il soulève peuvent être résolues. Pour savoir si l'investissement dans cette filière a un sens, il convient de comparer les 146,64€/MWh aux coûts de production des autres filières, sur base du LCOE, levelized cost of energy, ou encore coût actualisé de l'énergie.

La technologie, c'est merveilleux, et cela permet de faire tout ce qu'on veut, mais à quel prix ?

En France, l'Agence de l'Environnement et de la Maîtrise de l'Energie (ADEME) a publié en 2016 une étude sur le coût des énergies renouvelables. Sur base des technologies les plus récentes (à l'époque) et d'un taux d'actualisation de 8%, l'éolien terrestre revient à 81€/MWh en moyenne, l'éolien marin (dit "offshore") à 174€/MWh en moyenne et l'hydrolien à 450€/MWh en moyenne.

Pour le solaire photovoltaïque, c'est beaucoup plus compliqué. Cela dépend de la technologie employée et de l'emplacement des panneaux. Une centrale au sol dans le Sud de la France permet d'atteindre un coût de 103€/MWh seulement, tandis que des panneaux photovoltaïques sur le toit (existant) d'un particulier dans le Nord de la France génèrent de l'électricité à 332€/MWh. Le solaire thermodynamique permettant 12 à 15h de stockage de la chaleur revient à 159€/MWh. De telles installations n'existent pratiquement que dans des endroits désertiques et ensoleillés. Quant à la géothermie volcanique, elle permet un coût très concurrentiel, avec 56€/MWh. Les systèmes géothermiques stimulés, eux, coûtent bien davantage avec 253€/MWh. L'hydraulique, énergie renouvelable largement répandue dans le monde, revient à environ 100€/MWh.

A côté de cela, la production d'électricité par des centrales à charbon revient (hors coût du CO_2) à une soixantaine d'euros par mégawatt/heure, avec un charbon aux alentours de 80\$(unité de cotation, million de british thermal units). On peut espérer que le prix du charbon n'ira pas au-delà, vu l'abondance des ressources. A fin 2020, la tonne était à de 40\$, or le prix du combustible intervient pour une bonne partie dans le prix de l'électricité produite avec du charbon. Il en est de même pour l'électricité produite par des centrales à gaz. Sur base d'un gaz naturel à 5$/BTU, le MWh revient à environ 65€. A fin 2020, le gaz naturel avait baissé de plus de 40% par rapport à ce chiffre. Mais, avec l'épuisement des ressources en gaz, le prix de celui-ci va augmenter.

Mais ici encore, comparaison n'est pas raison, car certains modes de production sont pilotables et d'autres non. Certains modes de production permettent de s'adapter à la demande et d'autres non. Le charbon, le gaz, l'hydraulique, le nucléaire dans une certaine mesure et le solaire thermodynamique dans une certaine mesure sont pilotables. On ne peut comparer que des offres qui répondent à une demande, à tout le moins si on se situe dans une économie de marché.

Une première façon de rencontrer la demande, c'est de construire des super-grilles électriques et de favoriser les échanges d'"'énergie renouvelable". Il s'agirait de préférence de réseaux intercontinentaux, ce qui permettrait de répartir l'électricité entre régions non corrélées quant à l'ensoleillement ou la vitesse du vent. La nécessité de dépasser les limites d'un continent apparaît lorsqu'on observe, par exemple, les conditions atmosphériques en Europe. Certes, elles varient, mais restent assez corrélées. De plus l'Europe ne couvre que quelques fuseaux horaires, ce qui est d'ailleurs le cas de la plupart des continents. Mais lorsqu'il fait nuit en Europe, le soleil brille en Californie. En espérant que les Californiens installent beaucoup de panneaux photovoltaïques et qu'ils n'aient pas trop besoin d'électricité, ils peuvent en vendre aux Européens. Encore faut-il un câble transatlantique pour amener l'électricité en Europe. La coût d'une telle installation, ramené au mégawatt/heure, oscillerait entre 13 et 25€/MWh ("The global grid". S. Chatzivasileiadis, D. Ernst and G. Andersson.

Renewable Energy, Volume 57, September 2013, Appendix A), soit 19€/MWh en moyenne (arithmétique).

Une deuxième façon de rencontrer la demande, c'est de stocker l'énergie qui ne peut être pilotée. En 2013, l'ADEME et d'autres organismes ont réalisé une "Etude sur le potentiel du stockage d'énergie". Ce document reprend certaines idées d'un rapport d'ENEA de 2012 (Facts & Figures", le stockage d'énergie). D'innombrables techniques sont passées en revue.

Le stockage gravitaire consiste à transformer l'énergie électrique en énergie potentielle, par exemple en pompant de l'eau vers le lac de retenue d'un barrage, puis de la faire s'écouler dans une turbine pour produire de l'électricité. On appelle cela des stations de transfert d'énergie par pompage (STEP). De nombreux barrages de montagne jouent ce rôle. Rien qu'en investissement, ce type de stockage coûte 70 à 150€/MWh, disons 115 en moyenne, et ce pour un rendement de 80%, ce dont il faudra tenir compte dans le coût total. Les possibilités de construire des beaux barrages de montagne sont devenues rares, mais d'autres systèmes basés sur la gravité existent, comme le STEP maritime (en bord de falaise), le STEP souterrain ou le transfert d'énergie par lest. Dans ce dernier cas, une installation flottante fait descendre et remonter des poids entre la surface et des profondeurs marines supérieures au kilomètre.

Il existe aussi un stockage par air comprimé (compressed air energy storage ou CAES), un investissement qui coûte entre 50 et 150€/MWh, disons 100 en moyenne, pour un rendement de 70%. Il s'agit de comprimer de l'air pour stocker l'énergie et décomprimer celui-ci pour restituer de l'énergie.

On peut aussi utiliser l'électricité produite pour procéder à une électrolyse de l'eau, ce qui signifie que l'on sépare l'hydrogène de l'oxygène. L'hydrogène peut alors être stocké et réutilisé à la demande dans une pile à combustible. La pile à combustible réassemble en quelque sorte l'hydrogène et l'oxygène, produisant ainsi de l'eau et de l'énergie. Une très belle technologie, mais assez chère et avec des rendements réduits: environ 400€/MWh et 60%. Ces rendements et le coût s'améliorent, mais restent problématiques en 2021.

On peut aussi tout simplement utiliser des accumulateurs. Les batteries d'accumulateurs à base de lithium ont considérablement évolué. Leur rendement est proche de 100% et leur coût était de l'ordre de 250€/MWh fin 2020.

Last but not least, on peut faire du power to gas. Il s'agit de stocker de l'énergie en fabriquant du méthane à partir du CO_2 atmosphérique. Autrement dit, au lieu de brûler du méthane pour produire de l'électricité, comme dans une centrale à gaz, on fait le contraire. Tout d'abord, on procède à une électrolyse de l'eau pour produire de l'hydrogène et ce dernier est, soit injecté en petites quantités dans les réseaux de gaz existants, soit utilisé dans un processus de méthanation, un processus qui l'associe au dioxyde de carbone atmosphérique pour produire du méthane (et de l'oxygène). Ce méthane peut alors être liquéfié et transporté par méthanier. A l'autre bout de la chaîne, il est brûlé dans une centrale et en tout cas réinjecté dans le réseau. Prise isolément, l'opération est neutre en termes de CO2. Selon une étude réalisée pour l'ADEME, GRT et GRDF en 2014, le coût de ce procédé varie entre 171 et 176€/MWh, disons 173€/MWh en moyenne, avec valorisation des sous-produits. La méthanation affiche un rendement oscillant entre 60 et 75%, soit 67% en moyenne. Il faut multiplier ce rendement par celui de la reconversion en électricité, soit, en 2021, 62% pour les centrales à cycle combiné gaz (source: EDF). Enfin, il faut ajouter les coûts (investissement, fonctionnement) de la centrale au gaz, à savoir une dizaine d'euros par mégawatt x heure.

Mais comment imputer le coût du stockage sur la production d'électricité verte ? Cela dépend des hypothèses. Quant à l'éolien, pour 100 GW de puissance installée, la puissance de stockage est de 66 GW et l'énergie maximale à stocker est d'environ 20 TWh ("Stockage de l'énergie, comment le dimensionner.", Jacques Freiner, Techniques de l'ingénieur, 2017). Or, par exemple, en 2017, il y
avait 13,6 GW d'éolien installé en France. Ces installations produisaient 24 TWh (source: EDF). La capacité de stockage à installer pour elles est de 13,6x0,66=9 GW, stockant 13,6/100x20.000= 2,72 TWh. Ainsi, pour 24 TWh produits, il faut en stocker 2,72, soit 11,3%. Quant au photovoltaïque, pour 100 GW de puissance installée, la puissance de stockage est de 85 GW et l'énergie maximale à stocker est d'environ 260 GWh par jour, soit 95 TWh par an. En 2017, il y avait 7,66 GW de photovoltaïque installé en France. Ces installations produisaient 9,2 TWh. La capacité de stockage à installer pour elles est de 7,66x0,85= 6,5 GW, stockant 7,66/100x260x365= 7.269 GWh = 7,3 TWh. Donc, pour 9,2 TWh produits, il faut stocker 7,3 TWh, soit 79%.

Voyons ce qu'il advient de l'éolien terrestre à 81€/MWh et du photovoltaïque de la Côte d'Azur à 103€/MWh si on leur ajoute une composante de stockage. Mais faut-il vraiment ajouter une composante de stockage alors que les super-grilles électriques pourraient permettre aux Européens de profiter du soleil de Californie en plein milieu de la nuit, et ce pour un surcoût modique de 19€/MWh ? La réponse est vraisemblablement oui pour des raisons stratégiques d'indépendance énergétique. Bien sûr, peu de pays sont indépendants en énergie et, par exemple, la plupart des pays d'Europe, d'Afrique ou d'Extrême-Orient doivent acheter des hydrocarbures ou du minerai d'uranium, mais ils ont des stocks stratégiques et ne peuvent se permettre d'être à la merci d'une panne de la super-grille ou de tensions internationales.

Donc, le mégawatt d'éolien terrestre est distribué par le réseau à 88,7% et stocké à concurrence de 11,3%. S'il est stocké dans une STEP, le rendement de celle-ci sera de 80%. Donc, il ne restera plus que 0,977 MWh. Si nous voulons 1 MWh à la sortie, nous devons partir avec 1,02 MWh, coûtant 82,6€. Le passage des 11,3% par la STEP coûtera 10,6€. Le MWh d'éolien reviendra alors à 93,5€/MWh. Le seul souci, c'est l'insuffisance des STEP dans la plupart des pays. Ainsi en France, il n'y en a que 5 GW alors qu'il en faudrait 9 rien que pour l'éolien. Beaucoup de pays ont pratiquement épuisé leurs possibilités de construire des STEP classiques. D'autres types de STEP (maritimes, souterraines,...) restent envisageables, mais à quel prix ? Il convient par conséquent d'examiner les autres filières de stockage.

L'éolien terrestre avec stockage par air comprimé, en suivant le même raisonnement, reviendrait à 92€/MWh. Avec utilisation de la pile à combustible, il reviendrait à 113,2€/MWh. Avec l'utilisation de batteries, à 109,3€/MWh. Avec la méthanation, 101,3€/MWh. Ces coûts relativement faibles par rapport au solaire ou, par exemple, au nucléaire, s'expliquent par la part étonnamment faible de la production qui doit être stockée. Il en serait autrement pour le photovoltaïque. Rappelons également que l'éolien marin est beaucoup plus cher (174 €/MWh hors stockage contre 81 €/MWh hors stockage).

En 2017, le parc éolien français a produit 24 TWh (en ce compris , sur une production globale d'électricité de 529 TWh. Si la France voulait du 100% éolien, il faudrait donc multiplier son parc par 22. Celui-ci étant à l'époque de 6000 unités environ, il devrait passer à 132.000 éoliennes. Encore faudrait-il trouver des emplacements favorables pour celles-ci. Un emplacement favorable est celui où l'éolienne ne gêne personne, ou si peu, et où il y a beaucoup de vent. Le potentiel théorique de l'éolien terrestre en France est de 80 GW. Cela fait 6 fois l'éolien installé, au lieu des 22 fois nécessaires.

Le rêve de tous les pays, c'est de "produire" de l'énergie sur leur sol à bas prix, sans importations. Une production locale réduit la dépendance énergétique, ce qui renforce le pays au niveau géostratégique. Mais si l'on met de côté, à tout le moins partiellement, l'aspect géostratégique, on peut imaginer de produire de l'énergie renouvelable là dans le monde où les installations sont les plus productives. C'est le cas d'un projet qui vise à installer des éoliennes au Groenland pour profiter de vents constants d'air froid descendant de la calotte glaciaire (Complementarity Assessment of South Greenland Katabatic Flows and West Europe Wind Regimes, David Radu,Mathias Berger,Raphael Fonteneau,Simon Hardy,Xavier Fettweis, Marc Le Du, Patrick Panciatici, Lucian Balea, Damien Ernst. http://hdl.handle.net/2268/230016). Les éoliennes y gagnent en rendement (50% environ par rapport à l'Europe continentale) mais les questions du stockage et du transport restent entières. Ce mode de production et la localisation se marient particulièrement bien avec les super-grilles. En revanche, si l'on veut méthaniser l'ensemble de la production électrique, le coût du mégawatt/heure va grimper au-delà des 200€.

Quant au photovoltaïque stockage inclus, partons des 103€/MWh des centrales au sol du Sud de la France et oublions les 332€/MWh des particuliers du Nord. Ces dernières installations, comme beaucoup d'autres, ne subsistent, voire se multiplient, que grâce à de généreuses subventions.

Donc, photovoltaïque sud avec STEP, 208,6 €/MWh. Avec stockage par air comprimé : 207,5€/MWh. Avec pile à combustible : 400,4€/MWh. Avec batteries: 300,5€/MWh. Avec méthanation : 289€/MWh.

Il faut noter que, pour le solaire (mais le solaire thermique cette fois) il existe également des projets ambitieux comme Desertec (depuis 2003) qui vise à produire de l'électricité à partir d'énergie solaire en Afrique du Nord. L'idée d'exporter cette énergie vers l'Europe semble avoir été abandonnée par manque de rentabilité.

En synthèse, quant aux coûts, les énergies fossiles restent en tête (donc les moins chères) avec la géothermie volcanique et une demi-heure d'avance sur le peloton, mais c'est une situation qui ne durera pas, vu leur prévisible raréfaction, voire disparition (sauf pour le charbon, qui compte d'importantes réserves). Pour beaucoup de pays, elles présentent en outre des inconvénients géostratégiques, les rendant dépendants de pays producteurs. Suivent dans le peloton et dans l'ordre l'éolien terrestre, l'hydraulique, le nucléaire et le solaire thermodynamique. Le photovoltaïque est clairement derrière.

Un pays a intérêt à choisir son mix énergétique en fonction de cette hiérarchie de coûts et en fonction de sa géographie. Il est clair que l'Islande a intérêt à miser en priorité sur la géothermie volcanique,ce qu'elle fait déjà, d'ailleurs. C'est aussi vrai pour les Philippines. Le bassin méditerranéen recèle un important potentiel pour l'éolien terrestre et le solaire thermodynamique, déjà partiellement exploité. Certains pays et certaines îles particulièrement venteux permettent d'implanter de l'éolien.

Pour l'Europe continentale, où j'habite, l'avenir de la "production" d'énergie semble passer par un presque tout électrique, avec un maintien des centrales à charbon, un maintien de l'hydraulique, dont le potentiel est presque totalement exploité, un développement de l'éolien, mais dont les gisements sont limités, et qui devra donc idéalement être complété par de l'éolien externe, une exploitation du potentiel en solaire thermodynamique et un développement du nucléaire. Et il faut développer les super-grilles.

Le nucléaire présente, bien sûr, un double inconvénient : la dépendance géostratégique pour le minerai d'uranium et la quantité limitée de celui-ci. Mais les centrales de la 4e génération (en tout cas certains réacteurs de ce type) peuvent utiliser la quasi totalité de ce minerai, ainsi que du thorium, encore plus abondant, ce qui résout en grande partie ce problème. Encore faut-il être capable de construire une centrale de la quatrième génération, ce que seuls les Russes sont arrivés à faire jusqu'ici.

Certes, un mix énergétique avec du charbon et du nucléaire ne va pas soulever partout l'enthousiasme des foules. Mais pourrait-on faire du100% renouvelable ? En France, l'ADEME a fait une étude en ce sens en 2016 ("Vers un mix électrique 100% renouvelable en 2050 ?"). Celle-ci conclut que c'est possible. Elle se base sur environ 50% d'éolien terrestre et environ 33% de photovoltaïque, un recours notamment à la méthanation pour le stockage et arrive à un coût de 119€/MWh. L'ADEME conclut ainsi à un potentiel bien plus important, notamment en éolien, et à des coûts plus bas que les sources que nous avons consultées.

Ceci dit, il est toujours possible de faire du 100% renouvelable (quitte à en importer), mais la question est toujours la même : combien cela coûte-t-il ?

Or la question a son importance, car l'essentiel de nos productions proviennent de machines, elles-mêmes "alimentées" par de l'énergie. Elles ont des capacités physiques et intellectuelles maintes fois supérieures à l'humain. C'est sur elles, et donc sur l'énergie, que repose le produit intérieur brut. Dans un article publié sur son blog, M. Jean-Marc Jancovici met en évidence la corrélation entre le prix du pétrole, la faiblesse de la croissance et le chômage (https://jancovici.com/transition-energetique/petrole/le-prix-du-petrole-gouverne-t-il-leconomie/).

C'était très palpable lors du choc pétrolier de 1973, même s'il faut se méfier de ce type de constatation empirique.

Rappelons que le produit intérieur brut est l'une des composantes de l'indice de développement humain qui nous occupe.

De toute façon, le prix de l'énergie va sensiblement augmenter, et le plus tôt on préparera la transition énergétique, le mieux cela vaudra. Cette transition nécessitera une vision à long terme et des investissements à long terme (stockage, nucléaire) qui dépassent l'horizon temporel des entreprises. Il est préférable que ce soit des organismes publics qui s'en chargent et qui effectuent les investissements nécessaires. Le secteur privé pourra alors jouer le rôle d'opérateur, plus propice à la rentabilité à court terme et à un niveau de risque acceptable pour lui.

En 1993, Kaya Yoichi, économiste japonais, écrivit l'équation qui porte son nom (équation de Kaya). Elle décompose les émissions de CO_2 en quatre facteurs, dont elle est le produit : la population mondiale, le PIB (produit intérieur brut) par habitant, l'intensité énergétique du PIB, c'est à dire l'énergie nécessaire pour produire un euro de biens ou de services, et le contenu en CO_2, c'est à dire la quantité de CO_2 émise pour disposer d'une quantité d'énergie donnée.

Lorsque l'on parle de diminuer les émissions de CO_2, la transition énergétique s'attache au contenu en CO_2 de l'énergie (énergie verte, etc.), les économies d'énergie se concentrent sur l'intensité énergétique du PIB, les partisans de la décroissance veulent faire diminuer le PIB par habitant, et personne n'ose parler de la démographie.

Eh bien, commençons par cette dernière. Un monde à 3 milliards d'individus comme en 1960, cela fonctionne très bien, du point de vue du CO_2. Avec 9 ou 10 milliards de personnes, c'est beaucoup plus compliqué, surtout si ces personnes deviennent riches, c'est-à-dire accèdent à un niveau de vie relativement élevé. Pour le climat, il n'y a rien de pire qu'un pauvre qui devient riche. Or l'essor du commerce mondial et la délocalisation de la fabrication de biens ont prodigieusement réduit la pauvreté au niveau mondial. En 1981, 42,1% de la population mondiale vivait dans un état d'extrême pauvreté. En 2015, il ne s'agissait plus que 9,9% de la population mondiale. Or, plus on gagne, plus on consomme, plus on achète de biens manufacturés, etc. Bref, plus on gagne, plus on produit de dioxyde de carbone. Ce dernier contribue à l'effet de serre et le climat se dérègle. Ceci signifie aussi que d'un point de vue climatique, un monde inégalitaire fonctionne mieux qu'un monde égalitaire. Or les inégalités ont tendance à diminuer, à tout le moins les inégalités entre pays. En revanche, d'importantes inégalités apparaissent ou se confirment entre habitants de pays à forte croissance. Par ailleurs, comme la délocalisation de certaines productions et l'ouverture du commerce mondial ont réduit les inégalités, a contrario, le protectionnisme fonctionne également très bien d'un point de vue climatique, mais sans doute moins bien au niveau économique.

Quant à agir sur la natalité, c'est possible en promouvant la scolarité, surtout celle des femmes, et en instituant des régimes de retraite là où il n'y en a pas. Mais la natalité reste un sujet tabou dans bien des pays pour des raisons culturelles, mais aussi économiques: pour certains pays, répartis sur l'ensemble des continents, les transferts de fonds des émigrés représentent parfois une part importante du PIB, de l'ordre de 20%.

Ceci dit, la natalité n'est pas le seul facteur expliquant la croissance de la population mondiale : l'allongement de l'espérance de vie joue un rôle considérable. Elle a progressé de 5 ans dans le monde entre 2000 et 2019.

Glissons sur le contenu carbone de l'énergie, déjà largement évoqué.

Bien sûr, il fait sens de poursuivre les efforts en matière économies d'énergie et d'efficacité énergétique pour autant qu'il s'agisse de véritables économies d'énergie. Ainsi, on a vu se multiplier les mesures visant à inciter au changement de véhicule ou de chaudière. Cela ne se tient que si le bilan est globalement positif. A quoi bon inciter un automobiliste qui roule 1000 km par an à changer de véhicule. Quant à exiger de tels investissement, cela pose question en matière de libertés individuelles.

Reste la décroissance. Or la décroissance fonctionne très bien en matière climatique, pour de nombreuses raisons. Forcément, toutes autres choses étant égales, la baisse d'activité entraînera celle des émissions de CO_2. Puis, la baisse du PIB entraînera celle de l'espérance de vie (formule de Preston), avec des répercussions sur la population mondiale et donc sur les émissions de CO_2, avec aussi un effet sur la croissance, car une relation de proportionnalité existe entre les deux. Et on l'a vu, les variations de PIB affectent beaucoup plus l'espérance de vie que les variations climatiques correspondantes. Rappelons qu'avant l'ère industrielle, l'espérance de vie en Europe était de 40 ans. De plus, la croissance ayant atténué les inégalités au niveau mondial, son contraire va les renforcer. Or qui dit plus d'inégalités dit plus de pauvres et donc moins d'émissions. Un autre avantage de la décroissance, c'est qu'elle sera favorisée par la hausse prévisible du coût de l'énergie. Enfin, l'humain s'habituera à consommer de moins en moins, ce qui entretiendra la baisse du PIB.

Au fond, remédier au changement climatique par la décroissance, c'est enfantin: il suffit de remplacer l'argent par des tickets de rationnement, ce qui permet de décider combien chacun consomme et ce qu'il consomme. Ceci dit, de toute façon, le renchérissement prévisible de l'énergie ralentira la croissance.

Lorsqu'il s'agit de ralentir le changement climatique, habituellement, deux camps s'affrontent: les partisans de la décroissance et les économistes de la croissance.

Ces derniers, surtout lorsqu'ils sont schumpeteriens, se reposent sur l'innovation pour résoudre le problème. Ils se font qualifier d'utopistes ("curnocopians" en anglais) par les partisans de la décroissance, qu'ils qualifient eux-mêmes de malthusiens (mais alors des malthusiens qui ne chercheraient pas à réduire la démographie).

Mais l'innovation fonctionne-t-elle, voire suffit-elle, pour lutter contre le changement climatique ?

Dans son cours au Collège de France, le Professeur Philippe Aghion soulignait, en 2015, la nécessité d'une intervention de l'Etat afin d'orienter les investissements et l'innovation vers l'économie verte.

L'innovation est indispensable, dans le domaine des énergies vertes, dans le domaine des nouvelles sources d'énergie comme la fusion, mais aussi dans le domaine médical,...

Suffira-t-elle à assurer à la fois la croissance et la transition énergétique ? Ce sera probablement très délicat, car les carburants fossiles sont une source incroyablement concentrée d'énergie. Un litre d'essence correspond environ à 10kWh, c'est énorme. Pour utiliser cette quantité d'énergie, il faut laisser tourner un chauffage électrique de 1000W pendant 10h. Les carburants fossiles sont également stockés très facilement : rien à voir avec le stockage de l'électricité, même si certaines technologies, comme les batteries, ont bien progressé. Les automobiles électriques ont une capacité de stockage d'environ 100 kWh, donc l'équivalent d'une dizaine de litres d'essence (avec, il est vrai, une supériorité du moteur électrique sur le thermique en termes de rendement, 90% contre 40%). Mais bon, même en corrigeant pour le rendement, les 100 kWh équivalent à 22,5 L d'essence.

En outre, pour certains auteurs, l'innovation et la croissance s'essoufflent, voire ne constituent qu'une parenthèse entre deux périodes de stagnation (The Rise and Fall or American Growth, Robert J. Gordon, Princeton). Et il est vrai que la voiture électrique et le train, coqueluches de la mobilité, existent depuis le XIXe siècle. A quand les diligences ? Il est vrai que les centrales nucléaires existent depuis le milieu du XXe siècle et que leurs 3e et 4e générations tardent à éclore. Les éoliennes et le photovoltaïque existent depuis longtemps. Bien sûr, ils se perfectionnent, mais on n'assiste pas vraiment à la naissance de nouvelles technologies.

Le changement climatique est un motif de préoccupation.

Parmi d'autres.

La pollution, la croissance et l'approvisionnement en sont d'autres.

Les nombreux inconvénients du changement climatique et ses quelques avantages doivent être mis en parallèle avec les avantages et inconvénients des solutions proposées.

Ainsi, le développement humain, et ses composantes de produit intérieur brut, de santé et d'éducation, ont un impact proportionnellement bien plus important sur les populations que le changement climatique.

Parallèlement, toute réflexion sur le changement climatique devrait comprendre un volet sur les aspects économiques, sociétaux et éthiques des phénomènes observés et des mesures préconisées.

Les sciences humaines doivent s'emparer de la question et analyser les risques représentés par les différents scénarios, notamment pour les valeurs démocratiques.

Une immense majorité de la population mondiale aspire à une élévation de son niveau de vie. Elle choisira la croissance. Il est fort probable que l'on brûlera jusqu'à la dernière goutte de pétrole. Il importe d'autant plus de mettre en place une transition énergétique vers 2100, date à laquelle la fusion nucléaire devrait atteindre le stade industriel.

Entretemps, il semble utopique de vouloir miser sur un mix
énergétique 100% renouvelable. Au contraire, la prise en
compte de l'ensemble des facteurs, notamment les coûts,
oriente les choix vers un mix diversifié, comprenant de plus
en plus de renouvelable, mais aussi du nucléaire et même du
charbon. Afin de pouvoir développer le renouvelable, il faut
fortement investir dans les moyens de stockage, en
commençant par les moins coûteux.

Il faut, en outre, se préparer à un réchauffement planétaire
(par rapport à l'ère préindustrielle) de 4°C, par exemple en
développant et en installant des moyens de désalinisation de
l'eau de mer. Il est urgent que, notamment, les pays du bassin
méditerranéen s'équipent massivement de telles installations.

Il ne sert à rien de nier le risque climatique, ni d'en faire un
épouvantail flou. Il faut gérer les risques, le risque
climatique, mais les autres aussi: le risque alimentaire, la
pollution, la dégradation de la biodiversité et l'épuisement
des océans.

www.ingramcontent.com/pod-product-compliance
Lightning Source LLC
Chambersburg PA
CBHW072052150726
47999CB00005B/1747